国家自然科学基金青年科学基金项目(51704277)

斜井冻结穿越强透水层安全高效掘进理论与实践

钱德雨　李良山　著

中国矿业大学出版社
·徐州·

内 容 提 要

采用冻结法施工是斜井穿越强透水层的重要安全保障，但是斜井冻结技术尚不成熟，为确保斜井穿越强透水层施工安全与围岩稳定、提高冻结段掘砌成井效率，本书建立了斜井穿越透水层突水风险评价指标体系，提出了斜井冻结壁缺口弥合理论，阐明了斜井冻结井壁稳定机理，揭示了冻结段控制爆破振动规律，形成了斜井冻结段控制爆破高效掘进关键技术，研发了斜井冻结长距离全闭环井壁快速衬砌装备与技术，并成功进行了斜井冻结穿越强透水层工业性试验。研究成果对于保障斜井穿越强透水层施工安全、提高斜井冻结段成井效率具有重要的理论价值与现实意义。

本书可为采矿工程专业人员从事斜井冻结法、冻结段控制爆破高效掘进等领域的设计与施工提供参考。

图书在版编目(CIP)数据

斜井冻结穿越强透水层安全高效掘进理论与实践 / 钱德雨，李良山著. — 徐州 ：中国矿业大学出版社，2025.3.—ISBN 978-7-5646-6708-5

Ⅰ. TU752

中国国家版本馆 CIP 数据核字第 2025AN8304 号

书　　名　斜井冻结穿越强透水层安全高效掘进理论与实践
著　　者　钱德雨　李良山
责任编辑　吴学兵
出版发行　中国矿业大学出版社有限责任公司
（江苏省徐州市解放南路　邮编 221008）
营销热线　(0516)83885370　83884103
出版服务　(0516)83885312　83884920
网　　址　http://www.cumtp.com　**E-mail**:cumtpvip@cumtp.com
印　　刷　江苏凤凰数码印务有限公司
开　　本　787 mm×1092 mm　1/16　**印张** 12.25　**字数** 234 千字
版次印次　2025 年 3 月第 1 版　2025 年 3 月第 1 次印刷
定　　价　55.00 元

前 言

采用冻结法施工是斜井穿越强透水层的重要安全保障，然而，现有的斜井冻结技术尚不成熟。斜井冻结穿越强透水大流速卵石层时，冻结壁存在不交圈缺口、冻结壁解冻等问题，易诱发突水风险，严重威胁施工安全。同时，冻结停止后冻结段井壁易渗水，这降低了围岩长期稳定性；冻结段机械掘进与井壁衬砌效率低，严重影响了成井速度。

为确保斜井穿越强透水层施工安全与围岩稳定，提高斜井冻结段掘砌成井效率，本书以山西省沁水县里必煤矿主斜井冻结法穿越强富水大流速坚硬卵石层的复杂地质条件工程为背景，采用现场测试、理论分析、实验室试验、数值计算与工业性试验等研究方法，建立了斜井穿越透水层突水风险评价指标体系，进行了冻结岩体物理力学性质测试，提出了斜井冻结壁缺口弥合理论及方法，阐明了斜井冻结井壁稳定机理，揭示了冻结段控制爆破振动规律，形成了斜井冻结段控制爆破高效掘进关键技术，研发了斜井冻结长距离全闭环井壁快速衬砌装备与技术，并成功进行了斜井冻结穿越强透水层工业性试验。本书的主要内容与研究成果有：

(1) 建立了斜井穿越透水层突水风险等级评价指标体系。本书采用层次分析法确定了斜井穿越透水层突水风险评价指标，提出了斜井穿越透水层突水风险评估方法与控制管理措施。对里必煤矿主斜井进行评估，确定了里必煤矿主斜井穿越强透水层突水风险等级为“高风险”，必须采用冻结法等特殊凿井方式进行掘进，确保主斜井安全。

(2) 测试了冻结岩体物理力学性质。研究结果表明：温度对岩体力学性质影响明显，温度越低，冻胀特性越显著。冻结法凿井过程要注意冻土冻胀特性，应尽可能地减少冻结壁外露时间，控制冻结壁变形量，以免冻结壁膨胀挤压冻结管导致其破裂。

(3) 优化了斜井冻结投入调控工艺，提出了斜井冻结缺口弥合理论，阐明了斜井冻结段井壁稳定机理。研究结果表明：① 采用环形冻结管技术冻结衬砌壁后空间，防止冻结壁融化造成突水风险。根据掘进速度调控后续冻结时盐水温度和流量。根据掘进计划、第一冻结区段长度、冻结壁交圈情况等因素，调整后续冻结孔开始冻结时间。② 提出了“缺口精准排查（查）”“地下水截流降速（截）”“地面注浆堵水（堵）”“强化冻结弥合（冻）”相结合的冻结壁缺口快速排查与弥合理论及方法，确定了温度场突变点所在地层，降低了冻结区地下水流速，注浆形成封水帷幕，实施局部强化冻结，解决了冻结壁缺口弥合难题。③ 揭示了不同井壁厚度和空顶距下主斜井冻结段井壁稳定性演化规律，得出最优井壁厚度为 0.8 m。空顶距由 1.8 m 增加到 7.2 m 时，迎头及两帮冻结岩体与后方衬砌井壁分别形成重叠支撑、协同支撑和独立支撑三种效应，最优空顶距为 1.8 m。

(4) 揭示了斜井冻结段爆破振动规律，确定了冻结管抵抗爆破振动安全阈值，形成了斜井冻结段控制爆破高效掘进关键技术。研究结果表明：① 爆破振动对冻结管影响的最显著因素为单响炸药量，对于同量的炸药量，可采用分次起爆或多段雷管减振；也可采用人造空腔、辅助孔隔孔装药及周边空孔等有利于减振的措施。增大爆心距能有效减小爆破振动速度幅度。② 地面冻结主干管振动速度幅度不宜大于 6 cm/s，主冻结管振动速度幅度不宜大于 5 cm/s。③ 完善了低温环境下的钻孔装药工艺，优化了以减振为目标的爆破参数，形成了密排孔、多段号及隔孔装药的控制爆破高效掘进技术。

(5) 研发了斜井冻结长距离全闭环井壁快速衬砌装备与技术。研究结果表明：8 m 段长斜井施工的栈桥式全闭环整体液压模板台车，实现了主斜井全断面一次性浇筑。6.0 m 段长液压自移式反底拱模板台车与 6.0 m 导轨式模板台车，实现了井壁衬砌循环交替作业。液压模板台车端头封堵装置解决了井壁衬砌浇筑漏浆难题。

(6) 提出了里必煤矿主斜井穿越强透水层缺口弥合、控制爆破及全闭环井壁快速衬砌等方案，成功进行了工业性试验。创造了斜井(16°)冻结法施工月度进尺之最，确保了斜井穿越强透水卵石层的安全高效掘进与围岩长期稳定。

本书得到国家自然科学基金青年科学基金项目(51704277)的资助。特别感谢焦河喜、朱莹莉、黄森、刘佳乐、陈海林等研究生，在本书数据分析、文字校对及图表绘制等方面做了大量工作。

感谢中国矿业大学深地工程智能建造与健康运维全国重点实验室杨维好教授团队在冻结法设计方面的理论与技术指导。感谢中煤华晋集团晋城能源有限公司、中煤第五建设有限公司、中煤邯郸特殊凿井有限公司、中国矿业大学(北京)的有关领导和同行，感谢他们在斜井冻结法施工、控制爆破高效掘进、井壁快速衬砌等现场实践提供的技术指导。著者写作过程中参考了大量的相关文献和专业书籍，在此谨向有关作者表示感谢。

由于著者经验和水平有限，加上斜井穿越强透水层冻结技术尚不成熟，书中难免有疏漏和不足之处，恳请同行专家和读者批评指正。

著者

2025 年 1 月

目　录

1 绪 论

1.1 研究背景及意义

斜井冻结法凿井是通过地面施工冻结孔，用制冷技术暂时冻结加固斜井井筒后掘进轮廓线周围不稳定地层，并隔绝地下水后再凿井的特殊施工方法。冻结法是我国井筒穿越含水层、透水层、富水层、冲积地层、深厚表土层等复杂不良地层最主要的特殊凿井方法[1-4]。冻结法凿井技术可概括为“两壁、一钻、一机”：“两壁”是指冻结壁和井壁的设计理论与施工技术，“一钻”是指冻结孔施工技术与装备，“一机”是指地层冻结制冷技术与装备[5-6]。其中，冻结壁和井壁的设计理论与施工技术是冻结法凿井技术的核心。用制冷技术在井筒掘进轮廓线周围地层形成的，具有一定厚度和强度的连续冻结岩（土）体，即冻结壁。在井筒开挖围岩的表面，构筑一定厚度、强度的支护结构，即井壁。在冻结壁的保护下，井筒施工地段将与地下水隔绝，同时坚硬的冻结体显著提高了井壁施工空间的稳定性，确保井筒安全通过特殊地层。

我国斜井冻结起步较晚，自 1984 年开始采用斜井冻结法凿井，截至 2018 年底，我国采用冻结法施工的斜井不足 40 个。在这些斜井中，采用竖直孔分期分段局部冻结的约占 98%，冲积层厚度小于 150 m 约占 86%。斜井沿井筒轴向冻结技术工程实例较少，此技术还处于探索阶段[7-8]。马城铁矿主斜坡道工程冻结斜长 1 106 m，为目前国内已竣工、冻结斜长最长的穿越复杂地层的斜井冻结工程。

2019 年之前国内斜井冻结法掘砌月平均成井进度 31.5 m，月进尺水平较低，已竣工的冻结斜井工程中，很多出现井筒漏水现象，更有甚者造成了淹井事故，如袁大滩煤矿副斜井井壁漏水溃沙淹井事故、马城铁矿主斜坡道冻结壁融化地层水淹井事故等。与立井冻结法相比，斜井冻结壁设计起步晚，冻结范围大，掘砌施工工序复杂，施工难度大，尚处于探索完善阶段，需要进一步深入研究，解决斜井冻结法安全高效掘进难题，提高斜井冻结的安全性、高效性和经济性。

采用冻结法施工是斜井穿越强透水层的重要安全保障。然而，斜井冻结施工技术尚不成熟。斜井冻结凿井法穿越强透水层时，冻结壁存在不交圈缺口、冻结壁解冻等问题，易诱发突水风险，严重威胁施工安全；同时，冻结停止后冻结段井壁易渗漏水，这降低了围岩长期稳定性；冻结段掘进与衬砌效率低，严重影响了建井速度。因此开展斜井冻结穿越强透水层缺口弥合理论与安全高效掘进关键技术研究，对于保障斜井穿越强透水层施工安全、提高斜井冻结段成井效率与围岩长期稳定具有重要的理论价值与工程意义。

1.2 国内外研究现状

1.2.1 立井穿越透水层冻结法

立井冻结法是在正式挖掘井筒之前在井筒周围钻孔，利用人工制冷技术通过垂直钻孔使靠近井筒的含水层降温直至冻结的方法。井筒四周冻结后的地层形成冻结帷幕，可增强周围岩土强度，提高稳定性。

井筒冻结壁厚度设计发展至今，主要有以下三种理论公式来计算不同情况下井筒冻结壁的厚度[9-13]。

(1) 弹性冻结壁

井筒冻结深度未超过 100 m 且为圆形冻结壁时，冻结壁厚度可应用弹性力学领域的厚壁圆筒模型进行理论计算，并基于假设此模型无限长条件下推出经典拉梅公式[13-14]。

$$E_1 = R_1\left(\sqrt{\frac{[\sigma_0]}{[\sigma_0]-\xi_i P_1}}-1\right) \tag{1-1}$$

式中：E_1 为冻结壁厚度，m；R_1 为井筒掘进荒径或冻结壁内径，m；$[\sigma_0]$为冻结壁许用抗压强度，MPa；P_1 为冻结壁外缘水平荷载，MPa；ξ_i 为强度理论系数。

拉梅公式涉及的冻结壁材料特性参数只有一个强度，与自身冻结壁弹性模量、泊松比都没有关系，与围岩性质也没有关系。由于拉梅公式没有考虑施工过程中井筒围岩和冻结壁之间的相互作用，计算得出的冻结壁厚度比较保守。

(2) 弹塑性冻结壁

当需要冻结的含水层深度超过百米时，随着含水层深度增加，按拉梅公式计算得到的冻结壁厚度不合理程度也会增大，采用拉梅公式计算冻结壁厚度已经不太合适，满足实际的冻结壁厚度计算方法已经成为矿井井筒施工中的迫切需求。因此冻结壁厚度从弹性计算方法演变为弹塑性计算方法，即根据实际施工中冻结壁安全性情况，允许在冻结范围内的部分地层是塑性状态。据此，德国多姆克提出了弹塑性冻结壁厚度计算公式[15]。

$$E_1 = R_1\left[\xi_j\left(\frac{P_0}{\sigma_s}\right)+\eta_i\left(\frac{P_0}{\sigma_s}\right)^2\right] \tag{1-2}$$

式中：R_1 为井筒掘进半径或冻结壁内径，m；P_0 为侧帮压力，MPa；σ_s 为与冻结壁暴露时间相适应的冻土抗压强度，MPa；ξ_j、η_i 为强度理论系数。

然而，多姆克公式也有一定的不足之处。在实际施工中，随着所需冻结地层深度的增加，冻结管施工路线可能会有一定程度的偏离，导致无法准确定位哪些范围的冻土进入了塑性状态，进而无法保证多姆克公式计算的冻结壁厚度与实际施工中是否对应。

(3) 冻结壁施工变形控制

由于多姆克公式计算冻结壁厚度时牺牲了一部分冻结壁的安全性，所以多姆克公式也逐渐被淘汰。冻岩(土)体的稳定性和承载能力是关键问题，外部工程扰动因素或冻结管材料强度不足，都有可能导致冻结管断裂，影响冻结壁的完整性和密封性。

结合对冻土蠕变相关研究，里别尔曼、维亚诺夫与扎列茨基提出了各自计算冻结壁厚度计算公式[16]。

里别尔曼公式为：

$$E_1 = \frac{P_0}{\sigma_t{}'}hK \tag{1-3}$$

式中：h 为井筒高度，m；K 为安全系数，取 1.1～1.2；$\sigma_t{}'$为冻土松弛强度，取与冻结壁暴露时间相一致的冻土长时抗压强度，MPa。

维亚诺夫-扎列茨基公式为：

$$E_1 = \sqrt{3}\chi\frac{\rho h}{\sigma_t{}'} \tag{1-4}$$

式中：χ 为冻结壁上下端固定系数；ρ 为冻结壁的径向外载，MPa。

里别尔曼、维亚诺夫、扎列茨基考虑到冻结井筒蠕变特性，提出了适用于地表浅层土冻结的有限井筒高度冻结壁计算公式。井筒所穿越的深部地层和地表浅层土的性质不同。在不同应力条件下，岩石的蠕变情况也会有所不同。因此采用有限井筒高度的蠕变冻结壁计算公式计算含有高水压的厚地层冻结壁厚度并非是最合适的方法。

冻结井筒施工中冻结壁的计算理论、施工方式都是随着开挖井筒深度的增加而不断改进的，因此实际施工中井筒冻结深度是评判所采用施工技术先进程度的重要标准[17-22]。

1880 年德国工程师波茨舒首先提出冻结法原理，在阿尔巴里煤矿应用冻结法开凿了深度为 103 m 的井筒，1883 年获得了冻结法凿井技术专利。波兰在

1885 年将冻结法应用于井筒掘进，并陆续成功建设 250 个井筒，其中最深达到 760 m。1990 年英国开始利用冻结法进行井筒施工，巧尔培钟盐矿成为当时世界上冻结法施工的最深井筒。1928 年苏联采用冻结施工，至解体前共完成 500 多个井筒项目。

我国自 1955 年首次采用冻结法凿井以来至 2002 年底，只有 9 个井筒的冻结土层深度超过 350 m，最大为 383.1 m，以冻结岩层为主的只有陕西亭南煤矿主、副井井筒，冻结岩层深度最大为 461 m；最大掘进直径、井壁厚度分别为 10.5、2.0 m；井壁强度等级最高达 C55。在大于 400 m 深厚土层中井壁的外载取值、合理井壁结构的确定、井壁材料的选择和施工等均无成熟经验可借鉴[23-26]。

自 2002 年以来，为开发超 400 m 深厚土层、超 500 m 深厚富水岩层下赋存的煤炭等矿物资源，我国持续开展了攻关研究，攻克了 400～800 m 特厚土层中冻结法凿井关键技术、500～1 000 m 深厚富水岩层中冻结法凿井关键技术，使我国冻结法凿井技术水平居国际领先地位[27-31]。

2003—2022 年，我国建成土层深度超过 400 m、500 m、600 m、700 m、800 m 的冻结井筒分别有 88、53、35、6 和 4 个，创造冻结土层深度世界纪录为 587.50 m、675.60 m、754.98 m，创造冻结井壁现浇混凝土强度等级世界纪录为 C75、C100、CF80、CF90、CF110。

2003—2022 年，我国共建成冻结岩层厚度超过 500 m 的冻结井筒 85 个。其中，冻结岩层厚度超过 500 m、600 m、700 m、800 m、900 m 的井筒数量分别为 85、57、28、13 和 5 个。岩层段冻结井壁现浇混凝土强度等级最高为 C80 和 CF70，井壁总厚度最大为 2.5 m。分别于 2013 年、2021 年创造冻结岩层深度世界纪录 950 m（甘肃核桃峪煤矿副井）、990 m（陕西高家堡煤矿西进风井）。实践中发现，在岩层中沿用冻结表土段双层复合井壁技术存在如下问题：① 外层井壁设计缺乏理论与经验参考；② 双层复合井壁自 1976—2002 年在我国东部地区大量应用，很少发现内壁裂漏，但是自 2003 年以来在西部地区深大冻结基岩井筒中应用后，内壁开裂严重，开裂机理不明。

为此，通过攻关研究，专家学者们在深厚富水岩层中冻结井壁技术方面取得如下突破：① 揭示了自生温度应力导致大厚度内层井壁大量开裂漏水的新机理，研发成功纤维混凝土、微膨胀混凝土和井内灌水养护等内层井壁防裂技术。② 提出初始不均匀地应力场中外层井壁-岩层冻结壁-含水围岩相互作用力学模型，探明了外层井壁外荷载随各影响因素的变化规律，建立了冻结岩层中外层井壁的设计理论[6]。

综上，诸多学者从弹性冻结壁、弹塑性冻结壁、冻结壁施工变形控制等方面提出了多种立井穿越透水层冻结壁厚度计算理论，研发了深厚富水岩层中冻结井壁技术并在国内外多个立井施工中进行了应用。

1.2.2 斜井穿越透水层冻结法

斜井采用冻结法施工时，其冻结温度场的变化与采用冻结法施工的立井冻结温度场变化规律有显著差异。如果按照立井温度场变化规律来进行斜井冻结施工，则冻结壁的厚度和强度达不到斜井的结构强度要求，易导致表土层发生砂土液化。液化后的砂土和地下水会突破支护衬砌结构进入斜井掘进空间内，不仅会导致斜井冻结失败，还会严重危害施工安全。

李大海[32]通过数值模拟分析了冻结管的间距、导热介质、冻结时间的变化对冻结施工的影响。结果表明，冻结壁厚度、冻结体平均温度、交圈时间、导热介质热流密度是影响冻结施工的主要因素。

王烨晟[33]通过对冻结壁温度场进行研究，得出了影响冻结壁解冻时间和解冻速率的规律，并提出了冻结壁平均解冻速率公式。

Chen 等[34]通过水热力多场耦合的方法研究了斜井穿越的地层中孔隙水的相变，并提出了冻胀速率方程。

孔令辉等[35]通过三维数值模拟方法，通过调整原始地温、导热系数、比热容等参数，对比各参数对温度场发展的影响。结果表明：原始地温越高，冻结壁交圈和形成时间越晚；导热系数越大，冻结壁发展速度越快；比热容越小，冻结壁发展速度越快。

徐士良等[36]设计了可模拟冻结温度场的物理试验台，通过试验得到了冻结体冻结过程中的导热系数。

王文顺等[37]参照实际斜井冻结施工流程，进行了斜井冻结施工的相似模拟研究，通过对冻结过程中温度场变化进行监控，得到了近似于现实条件下的冻结场温度变化状况。

金川等[38]对冻结施工中冻结壁温度场的特性开展试验，详细分析了不同地层冻结壁温度场的发展特性，分析了不同冻结时间下冻结体的壁厚、形成速度、冻结温度情况，揭示了冻结时间与形成冻结体支撑能力规律。

陈宏明[39]通过构建耦合模型，分析了不同地下水渗流速度、管间距及管径条件下的砂层中温度场分布和冻结壁的发展规律。结果表明：渗流速度越快，冻结管上下游段温度差异越显著；冻结壁交圈时间随渗流速度的加快呈指数增加；此外，管径越大，管间距越小，则冻结壁交圈时间越短，发展越均匀。

Han 等[40]研究了西部矿区穿越含有孔隙水地层的井筒衬砌在冻结期间温度与压力的变化规律。研究表明：冻结初期衬砌的弹性模量和强度迅速增加，在解冻中期和解冻后期衬砌应变主要受温度变化的影响;对于西部含水层冻结井壁结构,应控制混凝土强度增长和井壁温度,以确保井壁安全。

孙杰龙等[41]针对富水砂层斜井冻结法凿井的安全问题,采用 ANSYS 有限元分析软件,引入冻结壁蠕变参数,对富水砂层斜井冻结壁变形规律进行预测,分析不同埋深和空顶距离下斜井冻结壁变形规律。结果表明:随着埋深增大,斜井冻结壁水平位移和竖向位移都会随之增大,且随着埋深增大井筒开挖后在水平方向对地层的影响逐渐减小。在埋深相同条件下空顶距离和冻结壁距支护段的距离越大,冻结壁竖向位移也随之增大,且随着空顶距离的增大,冻结壁竖向位移由条带状分布逐渐变为水平圆弧状分布。

郭鹏[42]通过对宁夏王洼煤矿主斜井冻结法施工工程分析,得出结论:在冻结壁平均温度一定条件下,冻结壁表面位移,随着冻结壁厚度的增大而减小,随地层深度的增大而增大,其中地压对于冻结壁变形影响最为显著。井帮位移与上述因素间均呈现为非线性关系特征,且各因素相互影响。

王友新[43]、陈祥恩等[44]和刘文民等[45]根据马泰壕矿井工程地质条件,确定了主斜井冻结施工中支护和衬砌方案。实践表明马泰壕矿井主斜井采用冻结法施工不仅可以显著缩短工期,而且可以保证施工安全。

综上,较多学者分析了不同地层冻结壁温度场分布规律,但是当前采用冻结法施工的斜井井壁设计和施工主要借助工程类比方式,斜井冻结施工技术仍不成熟,斜井穿越透水层冻结法设计、缺口弥合方法、工艺理论亟待研究。

1.2.3 冻结地层爆破凿井技术

单仁亮等[46]通过相似模型试验研究了冻结钻爆法井壁稳定性。结果表明:爆破导致的岩体振动具有明显的方向差异性,岩体径向振动速度最大,轴向振动速度其次,切向振动速度最小;冻结岩壁的损伤具有累积效应,炮孔附近处岩体损伤最大。

种玉配等[47]通过数值模拟分析了冻结井筒在爆炸作用下的振动响应,发现冻结管的最大拉应力和振动速度随温度下降而减小,表明在冷却温度降低的条件下,冻结管的结构稳定性增强。

于建新等[48]阐述了赵固二矿西风井超深厚表土层立井冻结爆破快速掘砌施工技术。现场采用多圈冻结管对深厚表土进行冻结,实现了不同地质条件下冻结温度的动态调控,为爆破掘进提供恰当的冻土条件;通过不断优化爆破方案,辅以振速安全监控,实现冻土良好的爆破效果;适时调整混凝土强度等级,保证竖井井壁稳定性。

张道海等[49]通过总结冻土爆破中装药结构与爆破参数设计问题,实施光面爆破试验，增大炮眼直径和深度，并采用毫秒延时间隔设计和炸药装填方式，加快了施工进度，提升了立井冻土爆破效率。

Fu 等[50]针对某矿冻结砂砾石地层井筒爆破施工中多次拒爆问题进行研究。结果表明，拒爆原因是孔内水结冰，体积较大，压力较高，使炸药密度超过了稳定起爆的临界密度。通过采取相应措施克服拒爆，取得了良好的爆破效果。

Panishev 等[51]分析了冻结岩土材料非均质结构力学特性随粒径组成、温度、含水量和样品堆积密度的变化规律。研究发现，温度、含水量和堆积密度对与爆破岩体结构相近样品的剪切强度、内摩擦角和黏聚力影响最大；爆破后再次冻结的冻结岩体是一种具有完整均匀岩体特性的复杂介质。

Ma 等[52]针对矿井在不稳定厚冲积层中采用冻结法立井凿井效率问题进行研究，为了保证施工安全，提高建井速度，开展了冻结岩土爆破振动测试。基于现场振动试验数据分析，建立了径向振动速度、垂直振动速度与当量装药量、等效水平距离、高差之间的关系。

汪海波等[53]以李家坝煤矿主副及回风斜井穿越流砂层为研究对象，应用冻结法防治涌水溃砂，通过浅孔爆破、水垫层及空气间隔装药、炮孔布局优化及微差延时爆破技术，有效提升了爆破质量，减少了爆破对冻结壁的影响。实践证明炮孔利用率达 93%，光面爆破效果良好，未出现冻结壁开裂、渗水等问题。

张贵等[54]以顾桥煤矿深部进风井冻结风化基岩段掘进为工程实例，分析爆破技术对提升立井冻结风化基岩段爆破效率的影响，总结施工经验、存在问题及解决策略，有效提高了立井冻结风化基岩段深孔爆破效率和工程质量。

于建新等[55]针对软弱围岩斜井施工难题，采用光面与预裂爆破技术相结合的爆破技术，从装药结构、爆破方案角度优化断面爆破参数，减小了爆破对围岩的扰动。

张耿城[56]基于爆破振动能够从基岩很好地传递给井壁的原理，通过对爆破引起的井壁口振动进行强度测试，评估爆破对周围冻结管和新浇筑井壁的影响程度，并据此及时调整爆破参数和方法以确保冻结管和已浇筑井壁安全。

王鑫[57]结合目前针对于冻土钻眼爆破设计施工大多按照岩石爆破经验，具有很大的盲目性的情况，提出了参数化的 Holmquist-Johnson-Cook(HJC)本构模型，即霍尔姆奎斯特-约翰逊-库克模型，采用理论分析与数值模拟研究了人工冻结黏土爆破特性，揭示了冻土在不同温度和应变率下的力学特性，为冻土掘进工程爆破设计提供了参考。

Wang 等[58]针对含冰裂纹冻结岩体爆破过程中爆炸应力波传播和裂纹扩展的问题，采用 RFPA 2D 模拟了含冰裂纹几何参数、加载强度和加载速率对爆炸应力波传播效果和损伤范围的影响。结果表明：随着厚度的增加，爆炸应力波的衰减趋势逐渐减小，随着法向距离和填冰裂缝角的增加，爆炸应力波衰减系数略有减小。随着冰缝厚度和法向距离的增大，冰缝损伤单元范围减小。

Zheng 等[59]针对竖井传统切削爆破技术爆破速度慢、矸石量大、抛掷高等问题，通过数值模拟对周边孔装药量和装药结构进行优化，建立爆破模型并进行了现场实验。结果表明：在冻硬岩地段竖井施工中采用大直径空孔爆破技术，可显著提高竖井施工速度，获得良好的爆破效果，并保证冻结管和冻结壁的安全。

Hu 等[60]研究了低温条件下冻结岩体爆破振动控制。通过实验室试验研究了冻结、饱和、正常和干燥状态下岩体的波阻抗，结果表明：在岩体冻结状态下，纵波速度可以增加 40%。以中国北方丰满水电站改扩建工程为对象，对其爆破振动进行了长期监测，结果表明：当岩体冻结时，质点峰值振动速度和频率的衰减都要慢得多，在不同温度之间可以发现峰值振动速度的明显转折点，波阻抗增量与孔隙度明显服从指数关系，并对低温条件下岩体开挖的爆破振动控制提出了建议。

Wang 等[61]为揭示大理岩在冻融风化和频繁冲击扰动耦合作用下的宏观力学断裂和失稳特征，对冻融大理石试样进行了分离式霍普金森压杆系统测试和 CT 成像。结果发现：冻融处理会影响大理石的结构退化程度和累积冲击次数，总冲击次数随着冻融循环次数的增加而减少。随着冻融循环次数的增加，裂隙尺度和密度逐渐减小。

Ma 等[62]分析了冻土抗爆性的主要因素，采用实验室试验的方法测试了 −7 ℃、−12 ℃、−17 ℃条件下冻土的抗压强度、抗拉强度、纵横波速度、应变能系数和爆破坑体积等影响因素。通过层次分析法和灰色系统关联分析理论，对冻土的可爆性进行了综合分析和多因素分类。

Cheng 等[63]针对高寒地区地下岩石爆破开采后块状率大、环境污染等问题，研究了地下岩石节理及冻结岩的可爆性。通过对爆破参数的设计，优化了爆破效果，减少了爆破对生态环境的破坏作用。

Wang 等[64]以宣东 2 号煤矿立井为背景，采用全断面一次起爆技术，根据冻基岩强度增加的情况，调整爆破参数。研究表明：全断面起爆技术施工更安全、更快速、更经济。

Xie 等[65]以 C65 混凝土构成的井壁为研究对象，采用有限元法分析了近距离爆破开挖对 C65 混凝土井壁的振动损伤影响，得到 C65 混凝土在井壁承受多轮爆破荷载后不会发生拉伸破坏的结论。研究结果为后续在含水基岩中采用冻结爆破法凿井提供安全依据。

种玉配[66]针对富水冻结岩层井筒建设中钻爆法引发的冻结管及围岩振动

的问题，模拟分析了不同起爆药量、冻结管距爆源的不同距离和不同冻结温度下井筒冻结基岩段冻结管振动响应规律及围岩的振动响应规律。结果表明：冻结管的不同参考位置（迎爆面中心、垂直面中心和背爆面中心）质点振动速度和单元最大主应力随着冻结温度的降低而减小，随着起爆药量的增大而增大，随着距爆源距离的增大而减小；由于冻结管的存在，使得围岩的质点振动速度和单元最大主应力变化规律受到一定影响。

朱伟强[67]针对井筒施工中遇到含水层难题，选用煤矿水胶炸药和自制爆破装置对冻结管实施爆破并注浆加固围岩，通过理论计算炸药量并在地面试验验证了方案可行性。该技术在井筒后期治水施工中得到成功应用。

朱立龙[68]实践分析在弱风化或岩石强度较高的岩层中采用施工联络通道，发现当拱顶上部存在砂层且周边环境复杂时，注浆加固效果较差。因此，计划采用了冻结加固封堵裂隙，随后以非爆破法开挖，但由于时间限制现场采用爆破法进行施工，成功实施了全国首次爆破掘进与冻结加固的施工方案。

陈程等[69]研究发现掘进爆破的效率和成本与爆破参数设计联系密切，揭示了凿岩爆破应力波和岩石破坏机制，并从炮孔装药、掏槽参数与起爆网络三个方面优化爆破参数。

杨铭竹[70]以副井冻结段为研究背景，研究表明普通钻爆法只要参数合理，不仅能够避免爆破过程中冻结壁与冻结管的破坏，而且可以极大降低劳动强度，提高效率，满足生产需要。

杨仁树等[71]研究了爆破荷载对冻结管、冻结壁及井壁的扰动和破坏作用，运用多重分形与频率切片小波分析不同方式下的振动信号，发现切缝药包能显著减少低频段振动能量，验证了切缝药包的减振和对冻结壁的护壁作用。

宋培章等[72]针对新庄风井冻结初期爆破效率与掘进速度较慢、锚杆破断严重等问题，提出基于冻结硬度分类的爆破方案，并设定合理参数。结果表明：优化后的方案提高了炮眼利用率，达到了快速掘进的目标。

李志敏等[73]研究了冻结砂土受爆破影响的损伤程度，按动力学原理将受爆破影响砂土区域划分为五个区域，并对每一区域应用不同损伤理论模型，直观表明了从挤压到裂纹扩展的各阶段损伤情况，揭示了冻结砂土的爆破破坏机制。

单仁亮等[74]通过相似物理模型试验研究了爆破掘进过程中冻结岩壁的振动及损伤特性。结果表明：冻结岩壁振动规律符合萨道夫斯基公式。现场测试结果证明采用规程振速可保守地评价冻结岩壁损伤情况，可为冻结地层立井爆破提供科学依据。

马二康[75]针对凤凰山铁矿冻结管与井筒距离较近影响爆破的施工难题，通过调节钻孔质量、优化爆破参数、调整装药方案及采用导爆索引爆的方法使爆破效率与施工安全得到保障。

张道海等[76]通过现场爆破试验对爆破振动幅度进行监测，比对各阶段振动幅度，并将爆破影响范围划分为三个区域，揭示了爆破振动扩散及衰减趋势。

李功洲等[77]提出埋深超过 600 m 的厚冲积层冻结法凿井核心在于冻结壁厚度设计，针对砂土与黏土层进行冻结壁厚度计算，以赵固二矿西风井实践为依据，提出准确选择掘进段高与冻土抗压强度方法，对各层位的冻结壁厚度应进行分类计算。

贲勇等[78]针对井筒周围岩体冻结温度过低引起井筒掘进难题，采用光面爆破技术进行改进，并通过对炮眼的合理布置及爆破参数的优化，使人工和设备的利用效率大幅度提高，缩短了矿山投产见效时间。

于建新等[79]研究了冻结黏土的爆破应力波传递特性及振动损伤机制，进行立井冻结黏土段爆破试验，通过监测深部爆破振动比较了不同方位振动速度差异，揭示了不同方向振动速度及频率分布特性，得出爆破振动能量分布和衰减规律与振动方向相关的结论。

单仁亮等[80]研究不同含水率冻结砂岩的冲击与爆破能量耗散，构建了爆破炸药单耗模型，通过对冻结砂岩进行 SHPB 试验与理论分析，得出冻结砂岩能量耗散高于常温砂岩，冻结砂岩损伤破坏程度随含水率增加而加剧的结论。

李小帅等[81]以小龙门隧道爆破工程为案例，研究爆破荷载作用下小净距隧道中夹岩区的动力稳定性问题，现场监测分析了掏槽孔、周边孔爆破在隧道不同区域产生的振动规律，并且通过改进自适应 VMD-MPE(variational mode decomposition and multi-scale permutation entropy，变分模态分解与多尺度排列熵)算法，对实测振动信号中的噪声进行了处理。

王兆阳等[82]利用统计学方法对 1980—2022 年共 200 个爆破掘进案例进行分析，构建了爆破掘进案例数据库来研究岩巷掏槽爆破客观规律。研究结果表明：在较大断面岩巷的掏槽爆破掘进过程中，较小的炸药单耗便可以达到良好的爆破效果。

综上，诸多学者采用理论计算、数值分析、实验室试验、工程实践等多种研究方法研究了冻结地层爆破掘进技术，但是当前研究主要集中在冻土、立井及隧道冻结施工，对于煤矿斜井冻结爆破凿井技术的研究甚少，目前斜井冻结爆破凿井施工尚无高效掘进的先例。

1.2.4 斜井穿越透水层围岩控制

(1) 井壁外荷载理论分析

井壁外荷载是井壁支护方案设计中最关键的参数，通过对井壁外荷载进行理论分析与公式计算，有利于理解和分析井壁和其所穿越的地层的相互作用关系，而且可以直观地反映出各个参数对井壁受到的应力荷载的影响。目前三种主流的井筒支护荷载计算方法如下[29]。

① 挡土墙理论

苏联学者秦巴列维奇根据挡土墙理论提出秦氏公式。秦氏公式假设井筒的井壁围岩为层状围岩，当围岩受到应力扰动时发生破坏，将围岩应力比作均布荷载作用于井壁，围岩应力即为井壁的环向应力。

$$P_n = \sum \gamma_n h_n \cdot \tan^2\left(45° - \frac{\varphi}{2}\right) \tag{1-5}$$

式中：P_n 为作用于井筒井壁单位面积上的环向应力，MPa；γ_n 为井筒围岩的容重，kN/m^3；h_n 为岩层的厚度，m；φ 为岩层的内摩擦角，(°)。

秦巴列维奇考虑到岩层中含有一定的孔隙水，认为侧压系数取值应该相对增加，但他并未考虑岩层中含有的孔隙水可能存在一定的水压。因此秦氏公式不适用于含有一定带压水的地层。

② 悬浮体理论

苏联的索柯洛夫考虑到了井筒所穿越的地层中可能含有带压水，因此根据秦氏公式推导出了悬浮体地压公式：

$$P_n = \left(\sum \gamma_n h_n + \sum \gamma'_n h'_n\right) \cdot \tan^2\left(45° - \frac{\varphi}{2}\right) + \gamma_0 H_n \tag{1-6}$$

式中：$\sum \gamma_n h_n$ 为带压水以上岩层容重与层厚之积的总和，MPa；$\sum \gamma'_n h'_n$ 为带压水以下公式计算深度以上各岩层悬浮容重与厚度之积的总和，MPa；γ_0 为水的容重，kN/m^3；H_n 为公式中计算深度的岩层的带压水厚度，m。

岩层的悬浮容重可根据下式确定：

$$\gamma_n' = \frac{\gamma_b + \gamma_0}{1 + e} \tag{1-7}$$

式中：γ_n'为岩层悬浮容重，kN/m^3；γ_b 为岩层干容重，kN/m^3；e 为岩层孔隙比。

式(1-7)虽然形式严谨，但其计算过程中需要考虑的参数较多，原岩状态下的岩层参数较难测试，计算结果与实际施工效果易存在一定的误差。

③ 经验公式

$$P_n = 0.013 H_K \tag{1-8}$$

式中：H_K 为所穿越地层最下部的含有孔隙水岩层的埋深，m。

德国人莫尔根据重液公式推导提出了经验公式，当岩层中存在孔隙水时，岩层与孔隙水的共同容重可以近似为 1.3 倍水的容重，对井筒穿越含有孔隙水和沙石的地层中的计算结果与实际施工情况相符。随着近年来采用冻结法施工的斜井案例越来越多，经验公式的局限性逐渐显露：一个简单的正比关系公式与实际施工中的反馈数据存在差异。

在采用冻结法施工时，井壁不仅承受围岩压力作用，同时还承受静水压力作用。静水压力对于井筒的支护构件的作用也是影响斜井井壁安全性的重要参数。

郑天斌等[83]通过数值模拟的手段对袁大滩煤矿斜井冻结段受力特征进行了分析，得出井壁受到的应力增加幅度随埋深增大而减小，拱顶应力变化幅度最大，拱腰没有明显的应力变化的结论。

周檀君等[84]对斜井通过厚砂层进行物理模拟试验设计，提出斜井冻结的三维光弹应力测试方法，利用应力冻结和光弹性技术分析了斜井通过砂土层斜井壁应力分布和变化。研究表明：井壁应力分布不均时，最大剪应力区在井壁内±25°，顶部剪应力超过底部，纵向应力随埋深呈线性增加，在不同角度应力增速不一致。

吴庆良等[85-86]采用复变函数方法对井筒井壁进行研究，通过构建模型将单层和双层井筒井壁所受荷载视为两向不等压非均布法向压力，并给出了相应的求解方法。

刘占斌[87]将井筒的模型构建为薄壁曲杆，根据弹性弯曲理论，认为井筒所受到的荷载是对称但非均匀的，并给出了相应的微分方程，后续采用级数法揭示了井筒的弹性变形规律。

(2) 斜井围岩控制数值模拟

随着隧道、岩土及采矿相关的数值模拟软件功能的发展与提升，现实中工程问题可通过数值模拟进行方案可行性验证。

徐慧刚等[88]采用 UDEC 数值模拟软件推演了主斜井井筒变形及裂隙分布特征，揭示了井筒变形破坏机理，为支护方案的设计提供了参考，并据此提出了“全锚索＋反底拱”的支护方案，有效地提高了围岩整体承载能力。

王千星[89]针对含水地层中斜井冻结法施工问题，在 ANSYS 软件中构建斜井施工的二维和三维模型，通过模型研究了开挖井筒支护过程中井筒支护结构的受力及井筒井壁的变形情况，得出了井壁弹性模量对井壁整体影响较小的结论。

李向阳[90]针对施工过程中穿越地层中表土层厚度情况、注浆对地下水隔断的影响及地层与井壁相互作用的影响问题，采用 $FLAC^{3D}$ 建立三维井筒施工模型，并根据模型提出了井筒修建过程中影响井壁稳定性的各个主要因素。

李学彬等[91]为验证查干淖尔矿主斜井采用高强度钢管混凝土支护方案的可行性，采用 $FLAC^{3D}$ 数值模拟软件进行分析，得出了井筒围岩采用高强度钢管混凝土支护后变形均在规定范围内的结论，可为此支护结构下井筒安全施工提供保障。

王勇[92]在研究穿越表土层的斜井井筒时，结合有限元软件 ANSYS 对斜井井筒建立了二维和三维数值模型，分析了采用冻结法施工的井筒在井筒冻结和解冻时井壁所受到的应力和发生应变的情况，并得出了影响井壁变形的关键因素。

陈鹏飞[93]采用 ANSYS 软件，对井壁所穿越地层的岩石及井壁支护结构的物理力学参数、形状及井壁和围岩的胶合关系进行了研究，最终得出结论：斜井井壁在进行底板支护时，需要采用型钢并辅以混凝土浇筑。

张洪庆[94]采用理论分析方法将斜井井筒简化为直墙半圆拱形的模型，并在模型中增加反底拱结构，通过数值模拟构建有限元模型以研究井壁上均布荷载区域，得出了在相同荷载条件下仰形拱状的井筒效果较差，在拱中部与直墙部位出现应力集中的结论。

郭垚伟[95]考虑到在采用冻结法进行斜井井筒施工的实际过程中，井筒的开挖和冻结不是同时段进行的，采用数值模拟研究了穿越含有饱和孔隙水的砂岩层的井筒施工。研究结果表明：在解冻过程中，井壁所受外荷载逐渐增加，其中底板压力最大；井筒底板、顶板内侧及侧帮井壁外侧出现了拉应力；解冻过程中拉应力范围不再向外扩展，拉应力数值明显增加。

Shi 等[96]通过粉质黏土岩芯一维固结试验估算固结沉降值。将斜井井筒假设为悬臂梁结构，提出了固结沉降对井筒稳定性的分析方法，并采用等效连续模型研究了分段衬砌的力学行为。

Wu 等[97]利用 midas GTS NX 软件和 $FLAC^{3D}$ 软件研究了玉溪矿深斜井机电硐室开挖对主斜井扰动破坏的影响，揭示了主斜井、机电硐室开挖前后围岩的应力和变形规律。结果表明：开挖扰动对主斜井围岩应力影响显著，底鼓情况是由底部煤层中不稳定的垂向应力和剪应力向自由空间移动造成。

Sun 等[98]针对Ⅳ级围岩地质条件下斜井井壁围岩控制问题，采用 $FLAC^{3D}$ 软件对斜井埋深、侧压系数等影响因素进行数值计算，模拟结果与实际监测围岩变形状态结果较为一致，为二次衬砌作业提供理论评判依据。

(3) 斜井围岩控制技术

张亚涛[99]针对升富矿副斜井水文地质复杂条件问题，采用大断面冻结以及双层梯次掘砌支护方案，优化了包括换向硐室和井筒支护两方面的冻结斜井掘砌施工设计，单月掘进速度显著提升，为类似地质条件斜井施工提供了参考。

杨小明[100]针对斜井穿越采空区支护难题，根据斜长、采空区情况将支护区域划分为五个区间，对斜井与采空区相对位置、形状尺寸及地质勘探等多因素进行分析，选定注浆浆液、U 型钢钢材强度和喷浆支护方案以确保斜井安全通过采空区。

武成浩[101]针对斜井施工时永久支护在破碎带的支护密度、施工难度及工作效率问题进行研究，提出锚网喷组合式补强方案。现场采用该补强方案后，有效提升支护效率与掘进速度。

韩天宇等[102]通过数值计算方法分析了膨胀泥岩冻融过程对斜井支护的影响，结果发现似马蹄形支护对井壁变形有显著抵抗力，在高膨胀力条件下该支护结构可以有效提高处于极软岩地层井筒稳定性并减小井壁收敛与外移变形。

姚韦靖等[103]针对斜井穿越不同地层时围岩控制方案效果差异问题，对斜井穿越主要含水层分阶段进行数值模拟分析。结果表明：进入砂卵石层后工作面出现负孔隙水压力，至中砂岩层工作面出现较大张拉-剪切破坏，且破坏范围随掘进深度不断扩大。研究表明：表土层可采用壁后注浆和地面预注浆进行综合防治涌水，井壁结构为钢筋混凝土砌碹，而表土和基岩交界段则采用工作面预注浆超前加固，钢筋网喷棚架初次支护和混凝土二次衬砌的支护方式。通过现场取芯与声波检测表明加固方案合理有效。

Zong[104]针对在低于零度温度下斜井衬砌混凝土的凝固和硬化问题，为满足混凝土各项性能的要求，研究采用了引气剂、防冻剂和早强减水剂复掺技术。基于正交试验设计，实验研制了几种早强型液态矿井井壁混凝土复合外加剂的配合比。结果表明：复合防冻剂掺量为 2.1％时，可获得良好的保液、早强、防冻效果。

Zhang 等[105]研究了深部煤层斜井井筒失稳机理及抗坍塌对策，基于煤岩细观结构特征提出新型抗塌陷钻井液封堵材料的配比为 3％磺化沥青、3％乳化沥青和 3％碳酸钙，新型抗塌陷钻井液对煤层具有较好的密封抑制性能。现场测试结果表明：坍塌压力预测模型和抗坍塌对策具备可行性与准确性。

Zhang 等[106]针对陕西金吉滩煤矿副斜井突水突沙事故，在地质原型上进行了 1∶20 几何比例的化学注浆模拟模型试验。结果表明：注浆初始阶段斜井顶板、侧壁和底板的压力变化复杂；料浆凝结阶段斜井顶板和侧壁上的压力得到有效释放，但在底板出现压力积聚，底板设计注浆压力应略小于顶板和侧壁，以避免底板二次破坏；在实际注浆过程中，高注浆压力下底板首先发生破裂，浆液随着注浆压力的降低在底板处发生渗透。

马辉等[107]研究发现斜井围岩变形受支护强度与围岩破碎程度影响显著，采用斜井分区域锚杆荷载监测方法，得出靠近工作面附近锚杆荷载存在先升后降直至接近稳定的规律。通过荷载变化探明支护薄弱区域,并现场采取加密钢架抑制爆破诱发的变形。

刘艳等[108]针对斜井穿过极软岩的应力分布及变形规律进行分析研究,选用双层复合支护方法:一次支护采用模块拼接、挂网、工字钢支架和喷射混凝土封闭,快速实现支撑,避免围岩变形失稳;二次支护采用挂网、喷射混凝土,在横向上增加工字钢支撑,快速提升支护强度。

李季等[109]结合理论与数值方法分析了斜井穿越松散层围岩变形及破坏影响因素,并提出使用高承载U型钢与锚杆索联合分段支护方案,实践证明斜井变形处于可控范围内。

梁玉春等[110]针对斜井施工过程中明槽开挖转暗硐掘进与支护难题,通过采用管棚法进行超前支护与U型钢与混凝土衬砌同时支护,优化了天河煤矿斜井明槽至暗硐段的施工方案,满足了矿井生产安全要求。

李中华[111]针对黏土层地层条件下的斜井围岩经多次修复其变形破坏仍然严重的问题,提出了锚注与U型棚联合支护方案,有效解决了浆皮开裂、底鼓等矿压问题。

胡雄玉等[112]针对斜井开挖初期会存在变形出现让压现象,提出斜井TBM配合碎石管片衬砌让压技术,通过数值分析发现碎石层的密实度与地应力分布影响让压效果。研究结果表明:让压机制是嵌挤与错动移位的相互组合。此发现可为深部斜井支护设计提供参考。

钟帅等[113]对李家坝煤矿斜井基岩段施工围岩支护问题进行探讨。基于斜井支护时锚索支护的受力模型,在大变形井筒中,顶板采用加长锚杆代替锚索支护,避免出现层间水平及垂直应力引起围岩变形。

Zhang等[114]针对裂隙水渗入产生的物理化学作用致使斜井围岩强度出现弱化现象,提出合理的注浆时机可以有效控制主斜井顶板裂缝渗水对围岩变形的影响,提高围岩完整性,增加支架承载能力,维护主斜井围岩的安全稳定。

张世清等[115]针对Ⅴ级围岩地质条件下斜井井壁变形破坏较为严重的问题,采用理论分析得出了增加混凝土厚度能减缓斜拉应力的结论,混凝土厚度增大至0.16 m能够保障井壁安全,并在现场采用超前管棚等支护有效控制井壁变形。

王渭明等[116]基于斜井穿越埋深较大、富水程度高且围岩破碎区域条件下的塑性区半径进行理论分析,针对井筒关键损伤薄弱位置提出了锚杆注浆、锚索补强及U型钢架棚支护方案,对处于塑性区范围内围岩控制效果较好。

桑宗其[117]分析斜井穿越泥岩页岩互层区域时井壁损伤与破坏因素,提出超前管棚、中空锚索注浆及U型钢架棚支护方案,显著增强围岩整体稳定性与承载能力，有效提高斜井掘进速度。

彭伟等[118]研究掘进深度对主斜井顶板及两帮渗水程度的影响，为避免围岩遇水软化，提出了树脂锚杆＋注浆锚杆＋金属网＋喷射混凝土封闭式支护形式。

李鹏[119]提出用中空注浆锚索解决斜井涌水量大、含水层多、支护条件复杂等问题，保证了斜井的快速安全施工，缩短了矿井建设工期，对类似井筒的建设有一定的指导意义。

李军等[120]运用 midas GTS NX 软件对斜井穿越软岩区域支护方案进行三维分析，通过对比不同支护状态下应力与变形幅度，最终确定软岩含水区域的斜井采用锚网喷架支护，未含水区域支护方案变更为锚网喷支护。

徐拥军[121]针对杨家村煤矿副斜井双层钢筋混凝土砌碹支护形式不能适应其浅地层、第四系厚度变化大、围岩风化严重的工程实际情况，通过围岩松动圈测定及理论计算，提出锚网索喷支护方案，现场监测斜井表面位移控制在 60 mm 范围内，支护方案效果良好。

综上，诸多专家学者使用斜井井壁外荷载理论分析、斜井围岩控制数值模拟等方法对斜井冻结穿越强透水层围岩控制技术进行了研究，提出了诸如挡土墙理论、悬浮体理论、经验公式等，并且从斜井断面特征、受力特征等角度对斜井衬砌施工方案进行了研究。

1.3　存在的主要问题

斜井冻结法施工在我国已经被应用多年，也在实际施工中总结出了许多方法和经验，并以此发展出了相关的理论，但是采用冻结法施工斜井井筒的一些关键问题和不足之处尚待研究。

(1) 斜井冻结壁缺口弥合困难

斜井采用冻结法施工所穿越地层为砂卵石层，富水性强，各含水层水力联系密切，水文与地质条件复杂，在冻结施工中极易出现冻结壁缺口不交圈情况，冻结效果不佳；在开挖及施工混凝土衬砌后，冻结壁解冻，水化热及水流冲刷下冻结壁变薄，井壁与冻结壁之间形成水流通道，水通过通道流到工作面易发生透水，斜井冻结壁出现缺口或被击穿会导致淹井事故。必须针对斜井冻结壁不交圈缺口部位进行弥合以保证斜井施工安全，然而斜井冻结壁缺口弥合的研究及相关理论较少，目前尚无成熟的理论与技术借鉴。

(2) 斜井冻结井壁稳定机理不明

斜井冻结开挖后，冻结壁稳定性对于斜井安全施工有决定性影响，但是目前对于斜井冻结壁稳定性机制不明，如何检测冻结壁稳定性并无合适的评判准则；斜井井筒衬砌有着隔断含水层涌水、承载解冻后软弱围岩作用，衬砌厚度不足将难以起到有效隔断用水与承载作用，过厚则影响施工效率与成本；斜井冻结采用钻爆法掘进施工机械化配套作业线长，掘进后存在一定的空顶空帮距离，此距离内不能实施临时支护与浇筑衬砌，空顶距过大存在冒顶与突水风险，空顶距过小则导致掘进效率低下。冻结段井壁稳定机理亟待研究。

(3) 斜井冻结爆破掘进振动规律不清

强透水大流速坚硬卵石层冻结后采用综掘机或挖掘机、破碎锤等机械方法开凿困难、单进水平低，而采用钻爆法施工存在低温条件下钻孔成孔难度大、炸药拒爆等技术难点；传统爆破工艺冻结地层振动幅度巨大，极易破坏冻结管路、击穿冻结壁，易发生严重突水事故。然而，采用控制爆破存在冻结地层振动规律不明、冻结管路与冻结壁振动阈值未知等问题，斜井穿越强透水大流速卵石层冻结段钻爆法施工国内尚未有成功的先例。

(4) 斜井井壁衬砌施工效率低、质量差

目前斜井井壁衬砌施工中多采用传统的组合模板和分体式模板台车，浇筑过程中需要反复支模、拆模，多次组装、多次浇筑，工序繁杂，浇筑工期长；底板和两墙在井筒底脚存在接茬缝，井壁轴向接茬缝也较多，浇筑质量差，渗漏水隐患严重；传统衬砌浇筑采用箕斗运输混凝土，输料路线长、下料速度慢、投入人员及设备多，存在劳动强度大、不能实现连续浇筑等问题。

1.4 研究内容与方法

为确保斜井穿越强透水层施工安全与围岩稳定性、提高斜井冻结段掘砌效率，本书以山西省沁水县里必煤矿主斜井冻结法穿越强富水大流速卵石层复杂地质条件工程为背景，综合采用现场测试、理论分析、实验室试验、数值计算、工业性试验等研究方法，系统开展斜井冻结穿越强透水层缺口弥合理论与安全高效掘进关键技术研究，采取的技术路线如图 1-1 所示。主要研究内容如下：

(1) 斜井穿越强透水层突水风险评价与岩体冻结试验

开展主斜井工程地质、水文地质条件实地调研，进行井筒第四系及基岩强风化带、弱风化带开掘地层条件评价。建立斜井穿越强透水层突水风险等级评价指标体系，采用层次分析法，对各影响因素进行综合评价，提出突水风险判别方法与管控措施。确定里必煤矿主斜井穿越透水层突水风险等级。开展岩体冻结试验，得出岩体冻结后其冻胀力、冻胀率、平均单轴强度、弹性模量、蠕变特性、抗剪强度、黏聚力等力学特性，为后续斜井冻结壁稳定机理与冻结段控制爆破振动规律研究提供参考与借鉴。

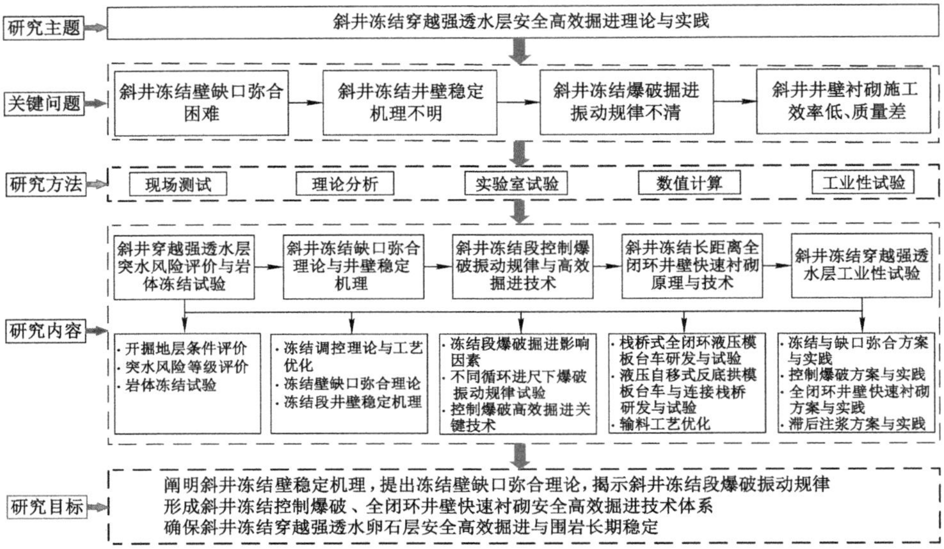

图 1-1　技术路线图

（2）斜井冻结缺口弥合理论与井壁稳定机理

明确斜井冻结关键参数设计原则，计算冻结壁厚度，提出冻结调控理论，优化斜井冻结工艺。分析卵石层冻结壁缺口影响因素，提出冻结壁缺口弥合理论，解决冻结壁存在缺口不交圈难题。分析浅埋条件下井筒冻结壁的稳定机制。采用 $FLAC^{3D}$ 数值软件分析冻结段不同井壁衬砌厚度与空顶距下主斜井井壁稳定性演化规律，得出里必煤矿主斜井冻结段井壁稳定机理。

（3）斜井冻结段控制爆破振动规律与高效掘进技术

分析斜井冻结段爆破掘进影响因素与技术难点，提出工作面低温环境下成孔及装药技术，开展不同循环进尺下爆破振动规律试验，分析冻结壁及冻结管路抗振能力，确定冻结壁与冻结管路振动安全阈值，研究分析控制爆破振动控制技术，优化爆破参数，减小爆破对冻结壁与冻结管路的振动损伤，形成斜井冻结段控制爆破高效掘进关键技术，提高掘进效率。

（4）斜井冻结长距离全闭环井壁快速衬砌原理与技术

基于现场施工需求，分析斜井冻结段全闭环井壁快速高效衬砌施工装备工作原理，进行斜井施工栈桥式全闭环液压模板台车、液压自移式反底拱模板台车与连接栈桥研发与试验的设计研发及应用，解决衬砌施工效率低下问题；针对传统端头封堵装置与输料工艺存在的技术问题，优化液压模板台车端头封堵装置与配套输料系统，提升施工效率及质量。

（5）斜井冻结穿越强透水层工业性试验

提出里必煤矿主斜井穿越强透水层冻结与缺口弥合、控制爆破、全闭环井壁快速衬砌及滞后注浆等方案并进行实践。开展工业性试验，确保斜井穿越强透水卵石层安全高效掘进与围岩长期稳定。

2　斜井穿越强透水层突水风险评价与岩体冻结试验

2.1　主斜井工程地质与水文条件

2.1.1　工程概况

里必煤矿位于晋城市沁水县，矿井井田规划面积 129.731 km^2，目前待采煤层为山西组 3 号煤层，资源储量 92 969 万 t，矿井年设计生产能力 4.0 Mt/a。工业广场位于沁水河南岸的一级台地上，地势平坦，地面高差小，海拔标高＋752～＋770 m。矿井采取主斜井、副立井综合开拓方式，如图 2-1 所示。

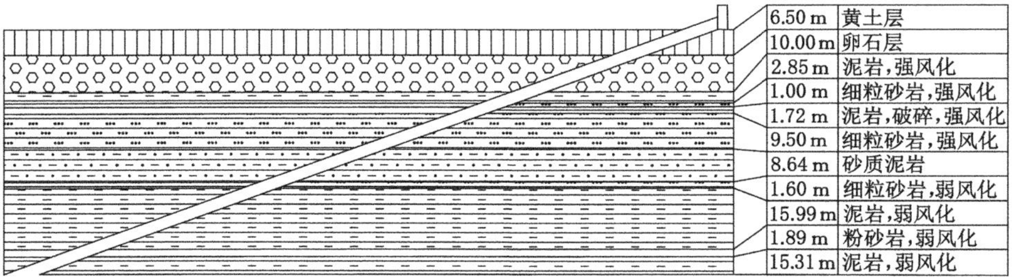

图 2-1　主斜井井筒冻结段浅部地层示意图

2.1.2　地质概况

主斜井井口位于里必煤矿工业场地内，主斜井井筒设计总斜长 1 770.8 m，倾角 16°，采用直墙半圆拱形断面，掘宽 7.0 m，净宽为 5.4 m，掘高 5.9 m，净高 4.0 m，如图 2-2 所示。

主斜井冻结段揭露的地层由新到老依次为第四系（Q）卵石层、二叠系上石盒子组（P_2s）强风化细砂岩、二叠系上石盒子组（P_2s）弱风化泥岩，如图 2-3、图 2-4 所示。

（1）第四系（Q）卵石层：卵石层厚度约为 10 m，粒径 3～45 cm，卵石磨圆度较好，实测硬度系数 f＝10～15，质地坚硬，抗压、抗磨能力强，含水空间以孔隙为主，卵石层未胶结，孔隙充填物有粗、中、细砂。单位涌水量 2.206 3 L/(s·m)，抽水试验渗透系数平均为 24.77 m/d。总体上该段地层为强富水大流速坚硬砂卵石层，与沁水河水力联系密切。

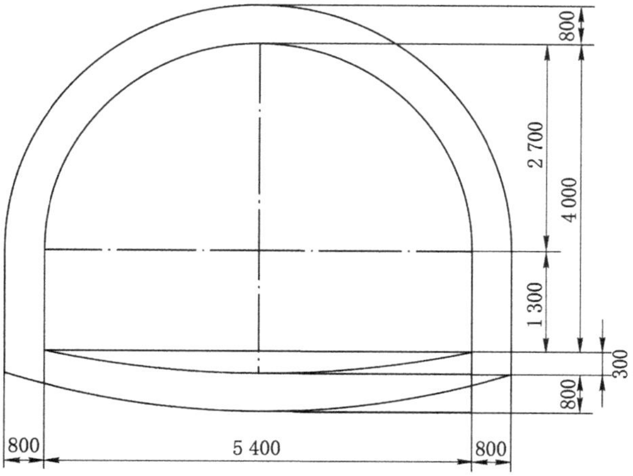

图 2-2　主斜井断面图

序号	柱状图	岩性	层厚/m	埋深/m
11		黄土层	6.50	6.50
10		卵石层	10.00	16.50
9		泥岩	2.85	19.35
8		细粒砂岩	1.00	20.35
7		泥岩	1.72	22.07
6		细粒砂岩	9.50	31.57
5		砂质泥岩	8.64	40.21
4		细粒砂岩	1.60	41.81
3		泥岩	15.99	57.80
2		粉砂岩	1.89	59.69
1		泥岩	15.31	75.00

图 2-3　主斜井冻结段穿越地层地质柱状图

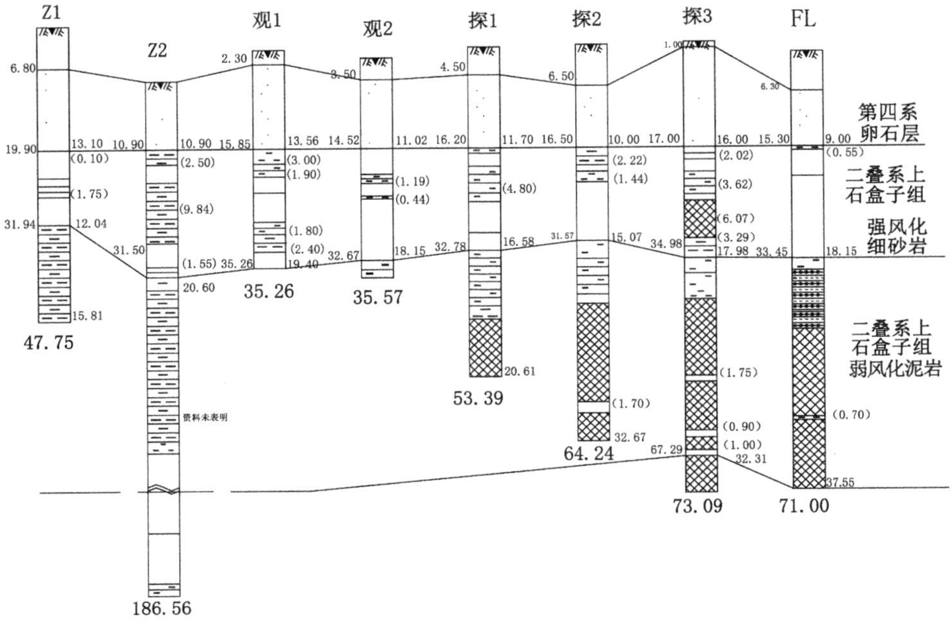

图 2-4　各风化带层位(单位:m)

(2) 二叠系上石盒子组(P_2s)强风化细砂岩:灰色,细粒砂状结构,硅质胶结,主要成分为石英和长石,高角度裂隙发育,厚度约 15 m。

(3) 二叠系上石盒子组(P_2s)弱风化泥岩:杂色,泥质结构,主要由含铝泥岩、花斑状泥岩构成,弱风化,厚度约 43 m。根据钻孔揭露,基岩风化带裂隙含水层(强)裂隙发育,以垂直裂隙为主,隙面见铁锈,局部见方解石,为基岩风化裂隙含水层主要含水层。基岩强风化带单位涌水量 0.134 1 L/(s·m),属中等富水性含水层。

2.1.3　水文地质

如图 2-5、图 2-6 所示,里必井田位于中条山东北,沁河中游,是太行、太岳、中条三大山系衔接处,沟谷发育,地形切割强烈。里必井田呈东北低,西南高分布。最高处海拔标高+1 179.0 m,位于矿区北部凹林场南 300 m 处;最低处海拔标高+701.5 m,位于矿区东部沁水河滩,最大高差 477.5 m。主斜井冻结段穿过的主要地层埋藏较浅,本次主要考虑与主斜井冻结段涌水治理有关的第四系表土和砾石层潜水含水层、强风化带含水层和二叠系上石河子组砂岩裂隙含水层及其水力联系。

图 2-5 矿区沟谷地形图

图 2-6 矿区北部沁水河

(1) 地面水系

地面水系主要包括沁水河及其一级支流周家沟河、景家庄河、里必沟河、青庙坡沟河、迎沟河、马邑沟河和社沟河，井田水系均属黄河流域沁河水系。沁河的支流沁水河从井田东南部经过，于郑庄镇汇入沁河，全长约 19.50 km。沁水河为常年性河流，自西南向东北径流。据《山西省沁水县沁水煤田里必井田勘探报告》记载，最低侵蚀基准面为 701.50 m、最高洪水位标高为 756.476 m；年最大降雨量 1 010.4 mm，最小 398.0 mm，多年平均降雨量 618.0 mm。据多年河流观测资料显示，枯水期流量为 0.22 m^3/s，一般流量为 165.00 m^3/s，最大流量可达 2 100.00 m^3/s。另外，井田范围内有少量泉水分布，流量均不大。

(2) 主要含水层

通过施工主斜井检查孔,详细查明主斜井井筒穿过松散层及各岩层情况,查明井筒所穿地层水文地质条件参数、含水层分布、各含水层涌水量、含水层埋藏条件、水位标高、水质等参数如下:

① 第四系松散岩类孔隙含水层

根据含水岩系本身的特征及其分布规律进一步分为山区、黄土丘陵区与河谷区松散岩类孔隙水含水岩组。

山区松散岩类孔隙水含水岩组岩性为上更新统(Q_3^{ecl})灰黄色亚砂土,风积成因,无相对隔水层,厚度0~26.27 m,接受大气降水入渗补给后直接下渗补给下部碎屑岩类裂隙水,透水而不含水。

黄土丘陵区松散岩类孔隙水含水岩组由上更新统灰黄色亚砂土(Q_3^{ecl})夹薄层砂卵砾石透镜体(Q_3^{apl})和中更新统亚黏土(Q_2^{dpl})夹薄层砂卵砾石透镜体(Q_2^{apl})组成,厚度分别为0~17.00 m、0~10.00 m。由于砂卵砾石层分布局限,厚度小,水井单位涌水量为0.028 7 L/(s·m)左右,富水性弱。

河谷区松散岩类孔隙水含水岩组为砂卵砾石夹淤泥透镜体,冲洪积成因。在沁水河谷区处厚度18.74 m左右,钻孔单位涌水量6.666 7 L/(s·m),富水性极强;在沁水河Ⅰ级支流周家沟、里必沟和马邑沟处厚度1.15~7.0 m,水井单位涌水量在0.001 0~0.064 3 L/(s·m),富水性极弱。水化学类型为$HCO_3 \cdot SO_4-Ca$型。第四系松散岩类孔隙含水层与沁水河河水水力联系密切,其水位标高749.346 m,单位涌水量0.777 7 L/(s·m),属中等富水性含水层。

② 基岩风化带裂隙含水层

水位标高720.64~727.34 m,层厚12.04~20.60 m,岩性主要为中、细粒砂岩,含水空间以风化裂隙为主。单位涌水量为0.134 1 L/(s·m),属中等富水性含水层。弱风化带在流量测井中没有反应,无法计算其单位涌水量,应属弱富水性含水层。

③ 上石盒子组砂岩裂隙含水层

水位标高为749.99~753.67 m,层厚91.10~153.60 m,单位涌水量0.001 4~0.150 8 L/(s·m),属弱富水性含水层。

④ 下石盒子组+山西砂岩裂隙含水层

水位标高630.97~694.49 m,层厚36.00~43.35 m,单位涌水量在0.000 1~0.000 7 L/(s·m),属极弱富水性含水层。

⑤ 太原组灰岩岩溶裂隙含水层

水位标高767.16~771.42 m,层厚12.00~12.25 m,单位涌水量在

0.000 6～0.000 7 L/(s·m)，属弱富水性含水层。

(3) 主斜井含水层层间水力联系

① 补给

第四系含水层与沁水河水力联系密切。含水空间以孔隙为主，受降水的影响，沁水河河水位不断变化，丰水期沁水河可以对第四系含水层直接进行补给，补给方式主要为大气降水、河流渗漏和灌溉水回归等，补给条件较好。

基岩强风化带裂隙含水层与第四系孔隙含水层水力联系密切。基岩强风化带含水层裂隙较为发育，第四系孔隙含水层透过裂隙通道等可以对基岩风化带含水层直接补给。另外，基岩强风化带含水层在东部壶关与南部晋城地区出露，通过大面积裸露地层直接吸收大气降水。

强风化带和弱风化带间均有厚层状黏土岩类，可作为强风化带含水层与弱风化带含水层间的隔水层，补给条件差，因此正常地质条件下强风化带与弱风化带没有水力联系。

② 径流

第四系含水层径流方式为地表径流和地下径流，地下径流流向为北东方向，受季节的影响，其方向可能会发生变化。受河流坡度影响，水流流速变化较大。

强风化带含水层主要以地下径流为主，实际流速为 0.35 m/d。理论计算可能与实际测定地下水的流速有一定的差异。

③ 排泄

地面水系一般排泄于地表，其余可透过孔隙排向下方含水层。

碎屑岩孔隙裂隙含水层以层间径流为主，常形成泉排泄于地表。岩溶水系统以泉排为主，部分人工开采，如与主斜井相距 300 m 的渔场长期以 120 m^3/h 流量抽水，此外还有部分岩溶水向系统外排泄。

(4) 水文地质条件综合评价

由地表水系及各含水层资料可知，矿区内第四系卵石层含水层，受大气降水及地表水体补给条件较好，富水性强；基岩强风化带含水层垂向裂隙较发育，可以直接受上覆第四系含水层与大气降水补给，富水性中等；基岩弱风化带含水层富水性弱，基本无水。

综上所述，主斜井冻结段水文地质条件极为复杂。

2.1.4　掘进地层评价

主斜井井口位于沁水河南岸里必矿井工业广场场地内，上部松散层厚度 10.90～19.90 m，表层局部覆盖有 0.00～6.80 m 厚的黄土层；下部为 9.00～

16.00 m 不等的卵石层，属不稳定岩层。富水性为中等至强，受沁水河地表水补给，难以疏降，对井筒施工影响较大。

进入基岩面后，钻孔揭露基岩强风化带底部深度为 31.50～35.26 m，发育厚度为 12.04～20.60 m，岩性以风化中、细砂岩为主，属不稳定岩层；基岩强风化带富水性中等，受上方第四系孔隙含水层补给，对井筒施工影响较大。

2.2 斜井穿越透水层突水风险判别

矿井突水是在井筒掘进或采矿扰动下，地下水体循环和岩体力学失去平衡形成水通道，导致水体与岩体中蕴藏的能量释放，造成大量地下水涌入矿山井巷的破坏现象[122]。

斜井在穿越第四系松散岩类孔隙含水层时，由于第四系含水层与沁水河水力联系密切，静水位标高受降水量和河流渗透影响较大，在施工中地下水位极有可能短时间内上升，水力坡度及地下水流速均发生较大变化，导致矿井突水。斜井在穿越强风化带含水层时，第四系含水层可以透过强风化带含水层孔隙通道进行补给，或通过大面积裸露地层直接吸收大气降水，造成地下水位升高，发生突水事故，严重影响人员安全和矿井生产。

因此，需通过建立专项风险评估机制对斜井穿越透水层过程进行突水灾害风险评估，确定突水灾害发生概率，并采取针对性措施进行预防。

2.2.1 突水风险评价指标

斜井穿越透水层是一个复杂的体系，其中突水风险的影响因素更为繁杂。为了能及时查出斜井穿越透水层过程中的薄弱环节，发现突水隐患并及时处理相关风险，需要对斜井穿越透水层过程中突水风险有全面了解，研究并建立一套科学合理的风险评估机制。

层次分析法是将决策问题分解为不同的层次结构，通过定性指标量化方法计算得出层次排序，以作为优化决策的系统方法，广泛地应用于风险评估和其他各系统的评估工作中[123]。本节采用层次分析法，以含水层富水性为核心参量，选取符合工程特性且具有针对性的斜井穿越透水层突水风险影响因素，建立突水风险评价指标体系，对各影响因素进行综合评价并确定斜井穿越透水层突水风险等级[124-128]，如图 2-7 所示。

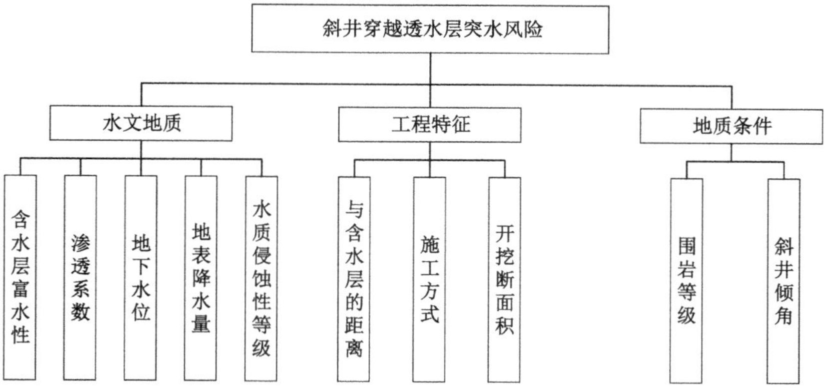

图 2-7　突水风险评价指标体系

2.2.2　突水风险评估与管控措施

2.2.2.1　指标权重确定

对斜井穿越透水层突水风险进行评价，确定突水风险影响因子，对斜井突水风险进行分级。

各评价指标二级因素变化范围见表 2-1。

表 2-1　评价指标及对应的二级因素

编号	评价指标	二级因素变化范围				
		Ⅰ	Ⅱ	Ⅲ	Ⅳ	Ⅴ
P1	含水层富水性	微富水	弱富水	中等富水	强富水	极富水
P2	渗透系数/(m/d)	$<10^{-5}$	$10^{-5}\sim10^{-4}$	$10^{-4}\sim10^{-2}$	$10^{-2}\sim1$	>1
P3	地下水位/m	>60	40～60	20～40	10～20	<10
P4	地表年降水量/mm	≤200	200～400	400～600	600～800	>800
P5	水质侵蚀性等级	微侵蚀性	弱侵蚀性	中等侵蚀性	强侵蚀性	极强侵蚀性
P6	斜井顶底板与含水层的距离/m	>90	60～90	30～60	0～30	0(穿过含水层)
P7	施工方式	人工法	盾构法	综掘机法	控制爆破法	爆破法
P8	开挖断面积/m^2	0～10	10～15	15～20	20～30	>30
P9	围岩等级	强稳定岩层	稳定岩层	中等稳定岩层	弱稳定岩层	不稳定岩层
P10	斜井倾角/(°)	0～5	5～20	20～45	45～60	>60

将斜井穿越透水层突水风险评价指标分为两大类：一类是定量指标，一类是定性指标。其中，渗透系数、地下水位、地表年降水量、斜井顶底板与含水层的距离、施工方式、开挖断面积和斜井倾角是定量指标；含水层富水性、水质侵蚀性等级和围岩等级是定性指标，定性指标分级标准见表 2-2。

表 2-2　斜井穿越透水层突水风险定性评价指标分类标准

评价指标名称	分级标准	分级
含水层富水性（按单位涌水量分级）	单位涌水量＜0.001 L/(s・m)	微富水性
	0.001 L/(s・m)≤单位涌水量＜0.1 L/(s・m)	弱富水性
	0.1 L/(s・m)≤单位涌水量＜1.0 L/(s・m)	中等富水性
	1.0 L/(s・m)≤单位涌水量＜5.0 L/(s・m)	强富水性
	单位涌水量≥5.0 L/(s・m)	极富水性
水质侵蚀性等级（按 CO_2 含量分级）	CO_2 含量＜15 mg/L	微侵蚀性
	15 mg/L≤CO_2 含量＜25 mg/L	弱侵蚀性
	25 mg/L≤CO_2 含量＜35 mg/L	中等侵蚀性
	35 mg/L≤CO_2 含量＜60 mg/L	强侵蚀性
	CO_2 含量≥60 mg/L	极强侵蚀性
围岩等级［根据《矿山斜井冻结法施工及质量验收标准》(GB/T 51288—2018)，按照揭露岩层性质，将围岩等级分为 5 级］	坚硬、完整、整体性强，不易风化，单轴抗压强度 R_b＞60 MPa；层状岩层，层间胶结好，无软弱夹岩	强稳定岩层
	比较坚硬，R_b＝40～60 MPa；层状岩层、胶结较好；坚硬块状岩层，裂隙面闭合无泥质充填物，R_b＞60 MPa	稳定岩层
	中硬岩层，R_b＝20～40 MPa；层状岩层以坚硬为主，夹有少数软岩层；较坚硬的块状岩层，R_b＝40～60 MPa	中等稳定岩层
	较软岩层，R_b＜20 MPa；中硬层状岩层；中硬块状岩层，R_b＝20～40 MPa	弱稳定岩层
	高风化、潮解的松软岩层；各类破碎岩层	不稳定岩层

根据突水风险评价指标体系所确定的上下层因素之间的隶属关系，得出各指标的权重。运用层次分析法将突水风险评价指标重要程度进行排序，各因素间通过标度 1～9（标度的含义见表 2-3）两两进行比较，形成成对比较矩阵。

表 2-3 标度

标度	含 义
1	两个因素同样重要
3	一个因素比另一个因素稍微重要
5	一个因素比另一个因素明显重要
7	一个因素比另一个因素强烈重要
9	一个因素比另一个因素极端重要
2,4,6,8	上述两相邻判断的中值
倒数	若因素 i 与 j 比较的结果为 a_{ij}，则因素 j 与 i 比较结果为 $1/a_{ij}$

根据斜井穿越透水层突水风险评价指标及其对应的二级因素建立矩阵，如式(2-1)～式(2-11)所示。对各成对比较矩阵中下层各个因素对上层某因素的影响程度分析，进行层次单排序。

$$\boldsymbol{P}=\begin{pmatrix}1 & 2 & 3 & 3 & 3 & 4 & 5 & 6 & 7 & 9\\ 1/2 & 1 & 2 & 3 & 4 & 4 & 4 & 5 & 5 & 7\\ 1/3 & 1/2 & 1 & 3 & 3 & 3 & 3 & 5 & 5 & 7\\ 1/3 & 1/3 & 1/3 & 1 & 2 & 2 & 2 & 3 & 3 & 5\\ 1/3 & 1/4 & 1/3 & 1/2 & 1 & 2 & 2 & 3 & 3 & 5\\ 1/4 & 1/4 & 1/3 & 1/2 & 1/2 & 1 & 3 & 3 & 3 & 5\\ 1/5 & 1/4 & 1/3 & 1/2 & 1/2 & 1/3 & 1 & 3 & 3 & 5\\ 1/6 & 1/5 & 1/5 & 1/3 & 1/3 & 1/3 & 1/3 & 1 & 3 & 3\\ 1/7 & 1/5 & 1/5 & 1/3 & 1/3 & 1/3 & 1/3 & 1/3 & 1 & 3\\ 1/9 & 1/7 & 1/7 & 1/5 & 1/5 & 1/5 & 1/5 & 1/3 & 1/3 & 1\end{pmatrix} \tag{2-1}$$

$$\boldsymbol{P}_1=\begin{bmatrix}1 & 1/3 & 1/5 & 1/8 & 1/9\\ 3 & 1 & 1/5 & 1/7 & 1/9\\ 5 & 5 & 1 & 1/3 & 1/5\\ 8 & 7 & 3 & 1 & 1/3\\ 9 & 9 & 5 & 3 & 1\end{bmatrix} \tag{2-2}$$

$$\boldsymbol{P}_2=\begin{bmatrix}1 & 1/3 & 1/5 & 1/7 & 1/9\\ 3 & 1 & 1/4 & 1/7 & 1/8\\ 5 & 4 & 1 & 1/4 & 1/6\\ 7 & 7 & 4 & 1 & 1/3\\ 9 & 8 & 6 & 3 & 1\end{bmatrix} \tag{2-3}$$

$$\boldsymbol{P}_3=\begin{bmatrix}1 & 1/3 & 1/4 & 1/5 & 1/7\\ 3 & 1 & 1/3 & 1/5 & 1/7\\ 4 & 3 & 1 & 1/2 & 1/5\\ 5 & 5 & 2 & 1 & 1/2\\ 7 & 7 & 5 & 2 & 1\end{bmatrix} \tag{2-4}$$

$$\boldsymbol{P}_4=\begin{bmatrix}1 & 1/2 & 1/3 & 1/5 & 1/7\\ 2 & 1 & 1/3 & 1/4 & 1/5\\ 3 & 3 & 1 & 1/3 & 1/5\\ 5 & 4 & 3 & 1 & 1/3\\ 7 & 5 & 5 & 3 & 1\end{bmatrix} \tag{2-5}$$

$$\boldsymbol{P}_5=\begin{bmatrix}1 & 1/2 & 1/3 & 1/6 & 1/8\\ 2 & 1 & 1/3 & 1/6 & 1/8\\ 3 & 3 & 1 & 1/3 & 1/5\\ 6 & 6 & 3 & 1 & 1/4\\ 8 & 8 & 5 & 4 & 1\end{bmatrix} \tag{2-6}$$

$$\boldsymbol{P}_6=\begin{bmatrix}1 & 1/3 & 1/5 & 1/7 & 1/9\\ 3 & 1 & 1/4 & 1/6 & 1/8\\ 5 & 4 & 1 & 1/4 & 1/6\\ 7 & 6 & 4 & 1 & 1/3\\ 9 & 8 & 6 & 3 & 1\end{bmatrix} \tag{2-7}$$

$$\boldsymbol{P}_7=\begin{bmatrix}1 & 1/3 & 1/5 & 1/7 & 1/9\\ 3 & 1 & 1/5 & 1/6 & 1/7\\ 5 & 5 & 1 & 1/3 & 1/5\\ 7 & 6 & 3 & 1 & 1/3\\ 9 & 7 & 5 & 3 & 1\end{bmatrix} \tag{2-8}$$

$$\boldsymbol{P}_8=\begin{bmatrix}1 & 1/3 & 1/4 & 1/5 & 1/7\\ 3 & 1 & 1/3 & 1/4 & 1/5\\ 4 & 3 & 1 & 1/3 & 1/5\\ 5 & 4 & 5 & 1 & 1/2\\ 7 & 5 & 5 & 2 & 1\end{bmatrix} \tag{2-9}$$

$$\boldsymbol{P}_9=\begin{bmatrix}1 & 1/2 & 1/4 & 1/7 & 1/9\\ 2 & 1 & 1/3 & 1/5 & 1/7\\ 4 & 3 & 1 & 1/3 & 1/5\\ 7 & 5 & 3 & 1 & 1/2\\ 9 & 7 & 5 & 2 & 1\end{bmatrix} \tag{2-10}$$

$$\boldsymbol{P}_{10}=\begin{bmatrix}1 & 1/5 & 1/7 & 1/8 & 1/9\\ 5 & 1 & 1/3 & 1/6 & 1/7\\ 7 & 3 & 1 & 1/2 & 1/4\\ 8 & 6 & 2 & 1 & 1/2\\ 9 & 7 & 4 & 2 & 1\end{bmatrix} \tag{2-11}$$

计算得出矩阵 $\boldsymbol{P}$ 的最大特征值$\lambda_{max}=10.6979$。对于 n 阶互反阵，其最大特征值$\lambda_{max}\geqslant n$，λ_{max}越大，矩阵的不一致性越高，误差就越大。因此，采用$\lambda_{max}-n$ 来衡量矩阵的不一致程度。一致性指标 CI 可用下式表示[129]：

$$CI=\frac{\lambda_{max}-n}{n-1} \tag{2-12}$$

$$CR=\frac{CI}{RI}<0.1 \tag{2-13}$$

式中：CI 为一致性指标；λ_{max}为最大特征值；n 为矩阵阶数；CR 为一致性比例，小于 0.1；RI 为随机一致性指标，具体见表 2-4。

表 2-4　随机一致性指标取值

阶数	3	4	5	6	7	8	9	10
RI	0.58	0.90	1.12	1.24	1.32	1.41	1.45	1.49

计算得出当阶数为 10 阶，$RI=1.49$ 时，$CR=0.0520<0.1$，矩阵 $\boldsymbol{P}$ 的不一致程度符合要求，可以将矩阵 $\boldsymbol{P}$ 归一化特征向量作为其权向量。

同理，其余矩阵经过计算，不一致程度均符合要求。各指标因素特征向量及权值见表 2-5。

表 2-5　各评价指标的特征向量及权值

判定指标	Ⅰ级特征向量值	二级因素变化范围	Ⅱ级特征向量值	权值
含水层富水性	0.259 7	微富水	0.031 0	0.008 1
		弱富水	0.049 7	0.012 9
		中等富水	0.247 1	0.064 2
		强富水	0.270 7	0.070 3
		极富水	0.401 5	0.104 3
渗透系数	0.204 3	$<10^{-5}$ m/d	0.031 6	0.006 5
		$10^{-5}\sim10^{-4}$ m/d	0.052 2	0.010 7
		$10^{-4}\sim10^{-2}$ m/d	0.119 2	0.024 4
		$10^{-2}\sim1$ m/d	0.361 5	0.073 9
		>1 m/d	0.435 4	0.089 0
地下水位	0.156 8	>60 m	0.042 8	0.006 7
		40～60 m	0.070 5	0.011 1
		20～40 m	0.144 4	0.022 6
		10～20 m	0.279 9	0.043 9
		<10 m	0.462 4	0.072 5
地表年降水量	0.092 2	<200 mm	0.047 6	0.004 4
		200～400 mm	0.0715	0.006 6
		400～600 mm	0.128 5	0.0118
		600～800 mm	0.325 0	0.030 0
		>800 mm	0.427 5	0.039 4
水质侵蚀性等级	0.079 0	微侵蚀性	0.041 1	0.003 2
		弱侵蚀性	0.054 1	0.004 3
		中等侵蚀	0.112 6	0.008 9
		强侵蚀性	0.346 7	0.027 4
		极强侵蚀性	0.445 6	0.035 2
斜井顶底板与含水层的距离	0.071 7	≥90 m	0.031 0	0.002 2
		60～90 m	0.052 4	0.003 8
		30～60 m	0.116 8	0.008 4
		0～30 m	0.295 3	0.021 2
		≤0	0.504 5	0.036 2

表 2-5(续)

判定指标	Ⅰ级特征向量值	二级因素变化范围	Ⅱ级特征向量值	权值
施工方式	0.055 7	人工法	0.032 3	0.001 8
		盾构法	0.055 4	0.003 1
		综掘机法	0.143 9	0.008 0
		控制爆破法	0.265 4	0.014 8
		爆破法	0.502 9	0.028 0
开挖断面积	0.036 0	0～10 m^2	0.041 3	0.001 5
		10～15 m^2	0.075 3	0.002 7
		15～20 m^2	0.131 5	0.004 7
		20～30 m^2	0.312 4	0.011 2
		＞30 m^2	0.439 4	0.015 8
围岩等级	0.027 9	强稳定岩层	0.038 3	0.001 1
		稳定岩层	0.060 0	0.001 7
		中等稳定岩层	0.128 1	0.003 6
		弱不稳定岩层	0.290 5	0.008 1
		不稳定岩层	0.483 2	0.013 5
斜井倾角	0.016 6	0～5°	0.028 8	0.000 5
		5°～20°	0.072 3	0.001 2
		20°～45°	0.157 7	0.002 6
		45°～60°	0.282 6	0.004 7
		＞60°	0.458 6	0.007 6

2.2.2.2 斜井穿越透水层风险评估

根据表 2-5 可知，Ⅱ级特征向量各参量的最大值和最小值分别为 0.504 5 和 0.028 8，平均划分范围作为突水风险影响因子 I_R 的权重范围，见表 2-6。各权重范围分别对应不同风险等级，确定斜井穿越透水层突水风险等级，制定相应的控制管理措施[130-131]。

表 2-6　斜井穿越透水层突水风险评估与控制管理措施

突水风险影响因子 I_R	级别	突水风险等级	控制措施	管理措施
[0.028 8,0.123 9]	Ⅰ	较低	不采取措施	按常规施工生产方案正常生产
[0.123 9,0.219 1]	Ⅱ	低	加强现场涌水量监测	在开采施工之前，通过地质钻孔，分析区域范围的水文地质条件，并对可能发生突水事故的部位设置涌水量监测点
[0.219 1,0.314 2]	Ⅲ	较高	注浆加固	对可能发生突水区域采用预注浆加固，并封堵潜在的导水裂隙，提高锚网索支护体系稳定性
[0.314 2,0.409 4]	Ⅳ	高	采用冻结法施工	停止生产，及时报告和分析，注浆难以控制，常规施工方式已不适用，采用冻结法工艺施工，并实时监测水位变化和测温孔温度变化，防止突水事故发生
[0.409 4,0.504 5]	Ⅴ	极高	采用冻结法施工	停止生产，及时报告和分析，注浆难以控制，常规施工方式已不适用，采用冻结法施工，并实时监测水位变化和测温孔温度变化，防止突水事故发生

针对里必煤矿斜井穿越透水层，各突水风险评价指标均可通过现场调研、取样、测试和实验室试验直接或间接得到，基于此可以确定斜井穿越透水层的突水风险等级，具体评估见表 2-7。

透水层（含水层）富水性：通过现场钻孔抽水试验测得涌水量，再将其换算成直径 91 mm、降深 10 m 单位涌水量确定。

渗透系数：通过实验室渗透实验或现场抽水试验确定。

地下水位：根据现场钻孔抽水试验水位标高确定。

地表降水量：根据里必煤矿地质勘探确定。

水质侵蚀性等级：根据钻孔抽水试验 CO_2 含量确定。

斜井顶底板与含水层的距离：斜井穿越含水层，距离为 0。

施工方式：根据主斜井掘进方式确定。

开挖断面积：根据主斜井断面尺寸确定。

围岩等级：根据揭露岩层确定。

斜井倾角：根据矿井设计确定。

表 2-7　斜井穿越透水层突水风险评估

判定指标	指标评价结果	判定标准	权值	权重总和	突水风险影响因子 I_R	级别	突水风险等级	控制措施	管理措施
含水层富水性	单位涌水量 2.206 3 L/(s·m)	强富水性	0.070 3	0.342 1	[0.314 2, 0.409 4]	Ⅳ	高	采用冻结法施工	停止生产，及时报告和分析，注浆难以控制，常规施工方式已不适用，采用冻结法施工，并实时监测水位变化和测温孔温度变化，防止突水事故发生
渗透系数	24.77 m/s	>1 m/s	0.089 0						
地下水位	12.131 1 m	10～20 m	0.043 9						
地表年降水量	618 mm	600～800 mm	0.030 0						
水质侵蚀性等级	CO_2 含量 38.72 mg/L	强侵蚀性	0.027 4						
斜井顶底板与含水层的距离	穿过含水层	0	0.036 2						
施工方式	控制爆破	控制爆破	0.014 8						
开挖断面积	34.21 m^2	>30 m^2	0.015 8						
围岩等级	第四系顶部为黄土层，下部为砂卵石层；基岩强风化带裂隙较发育，岩性以风化中、细砂岩为主	不稳定	0.013 5						
斜井倾角	16°	5°～20°	0.001 2						

根据斜井穿越透水层突水风险评估得出突水风险影响因子 I_R 为 0.342 1，突出风险等级属于“高风险”，应立刻停止生产，及时报告和分析。由于突水风险等级高，注浆难以控制，常规施工方式已不适用，因此采用冻结法施工，并实时监测水位变化和测温孔温度变化，防止突水事故发生。

2.3　冻结岩(土)体物理力学性质测试

2.3.1　常规土样分析

对主斜井需冻结施工段所穿越地层常规土样进行采样检测，得出冻结段所穿越地层常规土样中粉土、卵石、角砾物理力学性质如下。

① 粉土：含水率 16.5%～24.9%，比重 2.69～2.70，湿密度 1.58～1.96 g/cm^3，干密度 1.30～1.67 g/cm^3，饱和度 53.3%～76.1%，初始孔隙比 0.617～1.069，液限 23.3%～26.4%，塑限 16.1%～17.1%，塑性指数 7.2～9.6，液性指数−0.07～0.91，黏聚力 33.5～23.56 kPa，内摩擦角 21.17°～23.56°，压缩系数(Av_{1-2})0.27～1.04 MPa^{-1} 时压缩模量(Es_{1-2})1.99～5.95 MPa，压缩系数(Av_{2-3})0.14～0.66 MPa^{-1} 时压缩模量(Es_{2-3})3.15～11.31 MPa。

② 卵石：粗砾含量 76.9%～91.5%，细砾含量 4.0%～22.5%，砂粒含量 0.6%～4.3%，粉粒含量 0～0.3%。

③ 角砾：粗砾含量 7.0%～18.8%，细砾含量 67.7%～73.7%，砂粒含量 7.0%～22.4%，粉粒含量 0.5%～2.9%。

2.3.2　冻结岩(土)体物理力学性质测试

对表层黄土层及基岩强风化带取三组冻结岩土体样品进行物理力学性质测试，测试结果如下。

2.3.2.1　比热测试

对冻结岩(土)体进行比热测试，测试成果见表 2-8。

表 2-8　冻结岩(土)体容积比热测定成果

编号	岩性	深度/m	密度 ρ/(g/cm^3)	干密度 ρ_d/(g/cm^3)	容积比热 /[kJ/(m^3·K)]
冻 1	砂质黏土	2.20～5.40	1.995	1.675	2 618.8
冻 2	风化细砂岩	21.10～25.82	2.479	2.449	2 623.5
冻 3	风化砂质泥岩	33.10～35.80	2.282	2.256	2 576.4

2.3.2.2　冻胀力和冻胀率测试

无外界水源补给的试验条件下，不同冻结温度下黏土的冻胀率差异较大，温度越低，冻胀特性越显著。在−5 ℃条件下冻胀量普遍较小，当冻结温度低于

－10℃时，试验土体表现出较强的冻胀性。试验温度区间内最大冻胀率小于3%（－15 ℃），最大冻胀力小于1.0 MPa（－15 ℃）。在实际工程中由于地下水的补给，其冻胀性更明显。测试结果见表2-9、表2-10。

表2-9 冻结岩(土)体温度测试结果

编号	岩性	取样深度/m	冻结温度/℃
冻1	砂质黏土	2.20～5.40	－1.73
冻2	风化细砂岩	21.10～25.82	－2.86
冻3	风化砂质泥岩	33.10～35.80	－2.56

表2-10 冻结黏土冻胀率和冻胀力

编号	岩性	取样深度/m	冻胀率/%			冻胀力/MPa		
			－5 ℃	－10 ℃	－15 ℃	－5 ℃	－10 ℃	－15 ℃
冻1	砂质黏土	2.20～5.40	0.567	1.823	2.518	0.411	0.728	0.894

在冻结凿井过程中，要注意冻土的冻胀特性，尤其是有持续水源补给条件下，需要考虑冻结壁内部冻胀压力的释放，对冻结管以及井壁的影响。

2.3.2.3 抗压强度与温度关系测试

对不同温度下冻结岩(土)体单轴抗压强度进行检测分析，具体见表2-11，冻结岩(土)体平均单轴抗压强度与温度的关系如图2-8所示，得出以下结论：

(1) 冻1的平均单轴抗压强度远低于冻2、冻3。

(2) 冻1的平均单轴抗压强度随温度降低而增加的速率远小于冻2、冻3。

(3) 冻结岩(土)体的平均单轴强度随着温度的降低呈近似线性增加，其中冻1的增长速率为0.38 MPa/℃，冻2的增长速率为1.24 MPa/℃，冻3的增长速率为1.41 MPa/℃。

表2-11 冻结岩(土)体单轴抗压强度与温度的关系

编号	岩性	深度/m	试验温度/℃					
			－5		－10		－15	
			单轴强度/MPa	平均值/MPa	单轴强度/MPa	平均值/MPa	单轴强度/MPa	平均值/MPa
冻1	砂质黏土	2.20～5.40	1.70	2.14	2.53	3.16	6.33	5.96
			2.65		3.52		5.88	
			2.06		3.44		5.67	

表 2-11(续)

编号	岩性	深度/m	试验温度/℃					
			−5		−10		−15	
			单轴强度/MPa	平均值/MPa	单轴强度/MPa	平均值/MPa	单轴强度/MPa	平均值/MPa
冻 2	风化细砂岩	21.10～25.82	16.69	25.34	35.71	34.47	37.22	37.74
			25.06		31.89		39.05	
			34.26		35.82		36.94	
冻 3	风化砂质泥岩	33.10～35.80	17.45	18.89	18.95	23.70	40.16	32.95
			24.13		23.14		25.73	
			15.09		29.02			

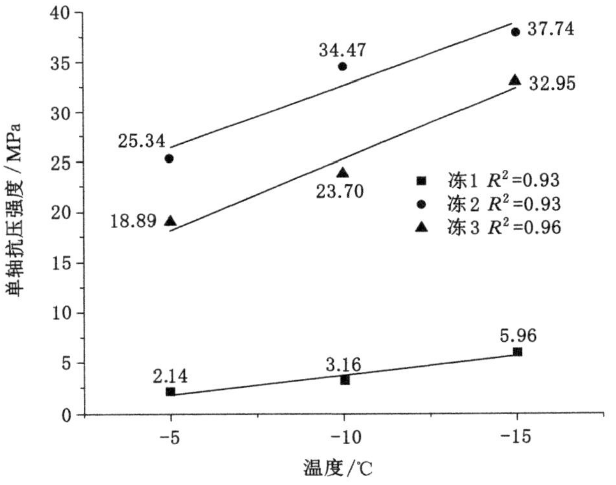

图 2-8　冻结岩(土)体平均单轴抗压强度与温度的关系

2.3.2.4　弹性模量与温度关系测试

冻结岩(土)体弹性模量与温度的关系见表 2-12,作图如图 2-9 所示,得出以下结论:

(1) 相同温度下冻 1 弹性模量值波动较冻 2、冻 3 的小。

(2) 冻结岩(土)体的平均弹性模量总体上随温度的降低而增大,各组 R^2(R^2 为相关系数)均在 0.93 以上。

(3) 温度对冻 1 的弹性模量的影响较小,温度每下降 1 ℃,冻 1 平均弹性模量增大速率为 18.5 MPa/℃，远小于冻 2、冻 3 平均弹性模量的增大速率，冻 2 的平均弹性模量增大速率为 60.34 MPa/℃，冻 3 的平均弹性模量增大速率为 78.82 MPa/℃。

表 2-12　冻结岩(土)体弹性模量与温度的关系

编号	岩性	深度/m	试验温度/℃					
			−5		−10		−15	
			弹性模量/MPa	平均值/MPa	弹性模量/MPa	平均值/MPa	弹性模量/MPa	平均值/MPa
冻 1	砂质黏土	2.20～5.40	40.81	60.60	102.61	98.34	205.48	245.62
			72.41		118.12		272.47	
			68.58		74.28		258.92	
冻 2	风化细砂岩	21.10～25.82	1 328.00	1 630.67	1 575.00	1 947.00	2 001.00	2 234.00
			1 125.00		1 694.00		1 748.00	
			2 439.00		2 572.00		2 953.00	
冻 3	风化砂质泥岩	33.10～35.80	1 352.00	1 441.67	2 594.00	1 967.33	3 372.00	2 230.00
			1 876.00		1 183.00		1 088.00	
			1 097.00		2 125.00			

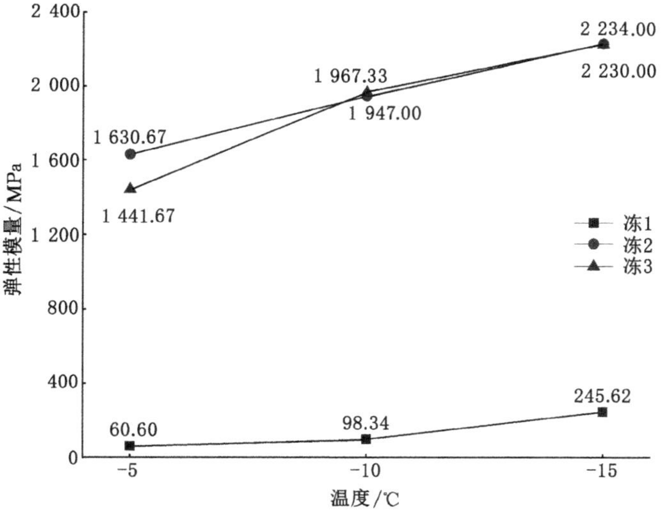

图 2-9　冻结岩(土)体平均弹性模量与温度的关系

2.3.2.5 泊松比与温度关系测试

冻结岩(土)体泊松比与温度的关系见表2-13,作图如图2-10所示。试验表明,冻1的泊松比随温度降低而减小的平均速率约为0.012/℃,而冻2、冻3泊松比随温度降低而减小的平均速率分别为0.006/℃、0.007/℃。

表 2-13 冻结岩(土)体泊松比与温度的关系

编号	岩性	深度/m	试验温度/℃					
			−5		−10		−15	
			泊松比	平均值	泊松比	平均值	泊松比	平均值
冻1	砂质黏土	2.20～5.40	0.337	0.345	0.287	0.275	0.207	0.225
			0.375		0.300		0.253	
			0.323		0.238		0.215	
冻2	风化细砂岩	21.10～25.82	0.272	0.262	0.246	0.248	0.192	0.208
			0.290		0.288		0.205	
			0.224		0.209		0.227	
冻3	风化砂质泥岩	33.10～35.80	0.311	0.280	0.219	0.260	0.201	0.213
			0.287		0.258		0.238	
			0.242		0.302		0.199	

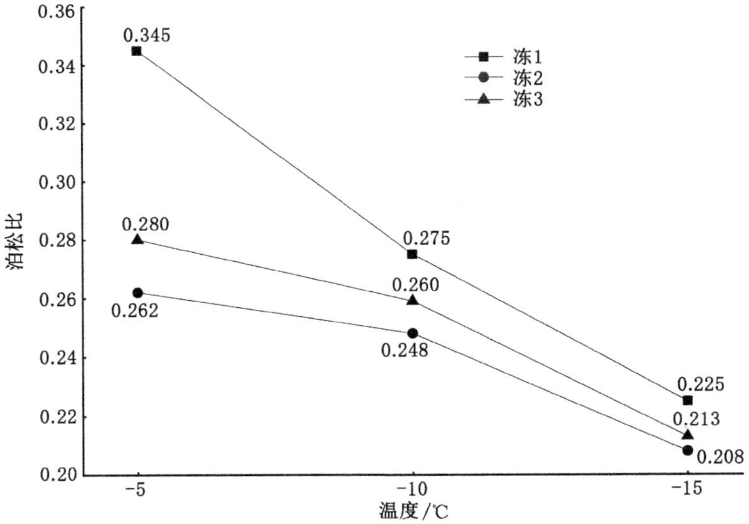

图 2-10 冻结岩(土)体平均泊松比与温度的关系

2.3.2.6 单轴蠕变参数拟合

冻结黏土单轴蠕变参数拟合结果见表 2-14。结果表明：在低应力条件下，冻结黏土呈现稳定蠕变；在高应力条件下，呈现非稳定蠕变。实际施工中，应尽可能地减少冻结壁外露时间，降低其变形量，以免挤压冻结管使其破裂。

表 2-14 冻结黏土单轴蠕变参数拟合结果

编号	岩性	温度/℃	应力/MPa	应变与时间、应力关系
冻 1	砂质黏土	−5	0.35	$\varepsilon=2.212\,6\sigma^{1.023\,3}t^{0.348\,8}$
			0.65	
			0.90	
		−10	0.84	$\varepsilon=0.713\,0\sigma^{1.624\,8}t^{0.261\,4}$
			1.40	
			1.95	
		第一层蠕变总回归方程		$\varepsilon=\dfrac{62.966\,3}{(\lvert T\rvert+1)^{1.868\,8}}\sigma^{1.324\,1}t^{0.305\,1}$

注：式中，ε 为应变，m；σ 为应力，MPa；t 为时间，s；T 为温度，℃。

2.3.2.7 三轴强度测试

冻结黏土三轴强度测试结果见表 2-15，冻结黏土抗压强度随温度的降低而明显增大，其中黏聚力增加显著，而内摩擦角则变化不大，可见冻结黏土的抗压强度主要来源于黏聚力。

表 2-15 冻结黏土三轴强度测试结果

编号	岩性	深度/m	温度/℃	围压/MPa	抗压强度($\sigma_1-\sigma_3$)/MPa	黏聚力/MPa	内摩擦角/(°)
冻 1	砂质黏土	2.20～5.40	−5	0.1	1.84	0.84	5.74
				0.3	1.87		
				0.5	2.24		
			−15	0.1	5.55	2.43	5.72
				0.3	5.78		
				0.5	5.72		

2.4 本章小结

本章对里必煤矿主斜井工程地质、水文条件进行现场调研，利用层次分析法建立了主斜井穿越透水层突水风险评价指标体系，开展了冻结岩体物理力学性质测试。

(1) 主斜井掘进过程中需穿越多个含水层，其中第四系含水层与沁水河水力联系密切，受大气降水及地表水体补给条件较好，富水性强，为强富水大流速坚硬卵石层。

(2) 以透水层富水性为核心参量，分类确定出10个斜井穿越透水层突水风险评价指标，采用层次分析法确定出各指标所占权重，得出突水风险影响因子I_R。根据影响因子范围将斜井穿越透水层突水风险细分为五个等级，并对不同等级提出了相应管控措施。

(3) 根据里必煤矿主斜井水文地质、工程特征和地质条件，对主斜井穿越透水层综合评估得出突水风险影响因子I_R为0.342 1，突水风险等级为“高风险”，必须采用冻结法等特殊凿井方式，确保主斜井安全掘进。

(4) 温度对岩(土)体力学性质影响明显，温度越低，冻胀特性显著。冻结法凿井过程要注意冻土冻胀特性，尽可能地减少冻结壁外露时间，控制冻结壁变形量，以免冻结壁膨胀挤压冻结管导致其破裂。

3 斜井冻结缺口弥合理论与井壁稳定机理

斜井采用冻结法施工穿越卵石层存在冻结壁缺口交圈困难、斜井冻结壁稳定机理不明的问题。本章采用现场测试、理论分析及数值计算等方法开展斜井冻结缺口弥合理论与井壁稳定机理研究，明确斜井冻结关键参数设计，计算并设计冻结壁厚度，优化斜井冻结理论与工艺，阐明井壁稳定判别准则，并基于现场测试提出斜井冻结缺口弥合理论，分析不同衬砌厚度与空顶距下井壁稳定机理，为斜井穿越强透水层冻结施工提供理论依据。

3.1 斜井冻结关键参数设计原则

如图 3-1 所示，斜井冻结施工的关键参数设计应满足以下设计原则[132]。

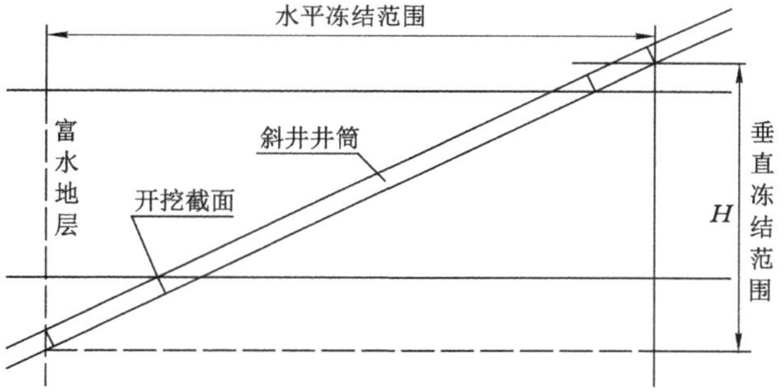

图 3-1 斜井冻结范围示意图

(1) 冻结垂深

① 斜井冻结施工起始位置应设计在井筒掘进断面底板位于地下水静水位之上至少 0.5 m。

② 斜井冻结施工终端位置应设计在井筒掘进断面时顶部进入相对稳定的隔水地层至少 5 m。

③ 每个冻结段的冻结孔深度需要延伸至井筒底板下方至少 5 m。

（2）冻结控制层确定

① 冲积层较薄且冻结段主要为砂性土层构成的井筒，应选择冲积层底部含水层作为关键控制层位。

② 冲积层较深且在其中下部分布有多层黏土层的冻结井筒，应选择冲积层底部的含水层与深部黏土层作为关键控制层位。

（3）冻结起始与终端位置确定

① 为了确保明转暗过渡区域井壁的施工环境，维护井壁施工质量，斜井冻结起始端掘进断面底板应位于静水位之上，避免因使用明槽降水的施工方式发生地层沉降和井壁下陷事故。

② 为避免基岩段的施工遭受冻结段解冻后的地下水影响，冻结端部应深入稳定的基岩至少 5 m，从而保障井壁质量。

（4）需冷量确定

斜井井筒各冻结段需冷量 S 可按式(3-1)计算：

$$S=\pi d\sum_{i=1}^{N}H_i q\eta \tag{3-1}$$

式中：S 为冻结段需冷量，kcal/h；d 为冻结管外直径，m；H_i 为冻结管散热计算长度，m；N 为冻结管数量；q 为冻结管散热系数，kcal/(m^2·h)，一般取值 $q=$ 250～280 kcal/(m^2·h)；η 为冷量损失系数，kcal/(m^2·h)，一般取值 $\eta=$ 1.2～1.3 kcal/(m^2·h)。

井筒的最大冷量计算需要满足各个冻结段在积极冻结期和维护冻结期同时所需的冷量的总和，以确保覆盖整体冻结阶段的冷却需求。

（5）盐水温度确定

① 一般情况下，设计盐水温度可按表 3-1 选取。

② 当地温超过 25 ℃时，应相应地降低盐水温度。

③ 含盐量较高的土层，应通过试验确定合适的盐水温度。

④ 维护冻结期间盐水温度可适当提高。

表 3-1　盐水温度选取值(℃)

冲积层厚度/m		＜100	100～150	150～200
井筒掘进宽度或高度/m	≤6.0	−24	−27～−24	−32～−27
	＞6.0	−26～−24	−29～−26	−32～−29

3.2 斜井冻结理论及工艺优化

3.2.1 冻结壁厚度设计

冻结壁厚度设计值是指在保证斜井安全施工的前提下，掘进断面边缘上一点到斜井冻结围岩最外侧的距离。将 31.5 m 强风化带底板作为控制层，冻结壁平均温度取－10 ℃。冻土抗压强度根据冻土试验取 3.16 MPa，主斜井井筒掘进宽度为 7.00 m。

在计算顶板冻结壁厚度时，将冻结壁厚度简化为简支梁并对其两端承受最大剪力进行计算[133]。

$$E_1=\frac{0.0098\gamma_1 H_j b}{2\tau} \tag{3-2}$$

式中：E_1 为冻结壁厚度，m；γ_1 为地层密度，t/m³，取值 2.01 t/m³；H_j 为井筒埋深，m，取值 31.57 m；b 为井筒掘进宽度，m，取值 7.0 m；τ 为冻结后地层安全抗剪强度，MPa，取值 1.5 MPa，计算可得顶板冻结壁厚度为 1.451 m。

将斜井井筒掘进断面近似水平圆筒，两帮与底板冻结壁厚度则可以采用多姆克公式进行计算[134]。

$$\begin{cases} P_0=0.013H_j \\ E_1=R_1\left\{0.29\dfrac{P_0}{[\sigma_c]}+2.3\left(\dfrac{P_0}{[\sigma_c]}\right)^2\right\} \end{cases} \tag{3-3}$$

式中：R_1 为井筒掘进半径或冻结壁内径，m，取 3.50 m；$[\sigma_c]$为冻结后地层安全抗压强度，安全系数为 3，取$[\sigma_c]$为冻土试验值 3.16 MPa 的 1/3，即 1.05 MPa；P_0 为侧帮压力，MPa，计算得 0.41 MPa。计算可得两帮与底板冻结壁厚度为 1.62 m。

在计算并设计冻结壁厚度时也应符合下列规定[132]：

(1) 斜井冻结壁厚度需要综合考虑多项因素，包括冻结深度、冻土强度、冲积层厚度、地下含水层特性以及井筒顶板、底板和侧帮受力情况。

(2) 斜井冻结壁厚度应根据井筒在不同冻结深度下的受力差异进行选取和调整。

(3) 斜井冻结壁厚度选取应符合表 3-2 的规定。

表 3-2 冻结壁厚度选取参数

冲积层厚度/m	<100	100～150	150～200
顶板冻结壁厚度/m	≥5.0	≥5.5	≥6.0
底板冻结壁厚度/m	≥5.0	≥5.5	≥6.5
两帮冻结壁厚度/m	2.0～3.0	2.8～3.4	侧帮冻结壁厚度应根据地层条件合理选取

注：对于软岩段的冻结壁厚度，宜参照冲积层冻结壁厚度执行；正常基岩段的冻结壁厚度，应以可靠封水为原则来设计。

3.2.2 斜井冻结钻孔设计

(1) 钻孔设计原则

斜井冻结钻孔设计与布置方式不仅对冻结岩体温度与冻结壁厚度至关重要，而且对斜井冻结掘进效率与施工成本有重大影响。目前在斜井冻结施工中，冻结管路布置方式主要有两种，一种方式是与井筒掘进轴线平行布置冻结管路，管路环绕在井筒掘进断面轮廓线周围，形成的冻结壁与井筒断面轮廓相似，如图 3-2(a)所示；另外一种方式为将冻结管路竖直布置，此种布置方式形成的冻结壁是一个以井筒掘进轴线为中心线的长方体[135-136]，如图 3-2(b)所示。

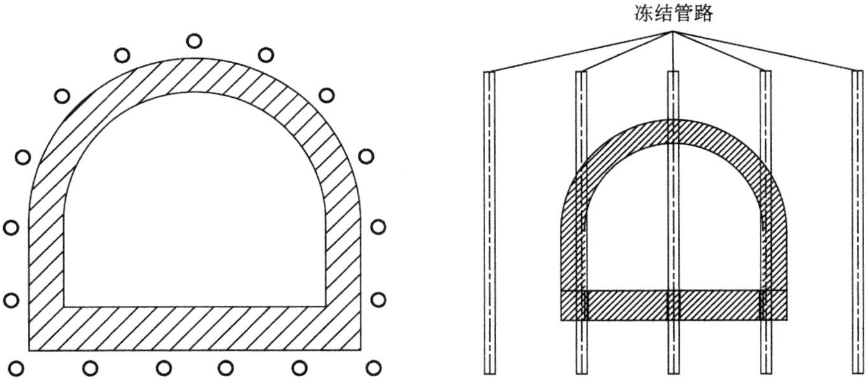

(a) 冻结管沿井筒轴线布置　(b) 冻结管竖直布置

图 3-2 不同冻结管布置方式示意图

竖直布置的冻结管路多采用间隔布置方式，两排冻结管路之间间隔一般为 0.7～1.5 m，地下水流方向与冻结管路布置示意如图 3-3 所示。地下水的渗流方向对于冻结壁的形成有至关重要的作用，迎击地下水流的冻结管位置，其冻结壁的形成直接影响了整个施工地段冻结壁的形成，因此冻结管路设计与地下水流的流速、流量与方向调控有着密切的关系[137]。冻结孔布置应遵循以下原则[132]。

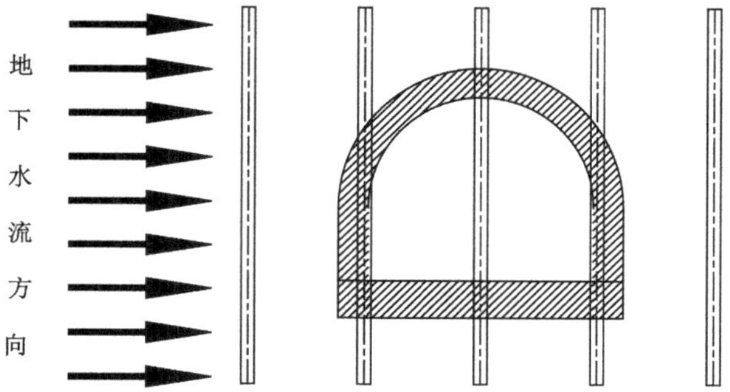

图 3-3　地下水流方向与冻结管布置示意图

① 冻结工程分段的划定需要掘进和砌筑的作业速度相互匹配，且在每冻结段均应配置冻结孔。

② 冻结孔的下管深度不应小于设计冻结深度。

③ 在斜井冻结作业中，孔位布置应确保施工过程中井筒顶板、底板及两帮的冻结壁有效闭合，且在中央排列的冻结孔宜采用梅花式布置，以优化冻结效果。

④ 斜井冻结孔布置应根据井筒宽度来确定。沿井筒走向布置排数，应确保排间距与孔间距能够满足交圈时间要求，当斜井井筒掘进宽度大于 4.5 m 时，需沿井筒走向布置 4～6 排垂直冻结孔。

⑤ 终孔位于冲积层中，边排冻结孔之间的距离不超过 3.0 m。若终孔位于基岩或风化层中，边排冻结孔的最大孔间距应控制在 4.0 m 以内，冻结区内部中间孔最大孔间距应控制在 5.0 m 范围内。如果最大孔间距不满足上述标准，应补充冻结孔。

(2) 测温孔布置

① 温度观测孔宜在冻结孔作业完成之后进行，并应依据冻结孔的实际测斜数据，全面评估温度监测孔的最佳布置位置，温度观测孔的深度不小于冻结孔深度。

② 温度观测孔管材质及施工技术要求同冻结孔一致。

③ 在每个冻结区段应在终孔间距相对较大的冻结孔界面，沿井筒的左右两侧或者水流上、下位置布置温度观测孔。每个冻结区段至少需要布置 3 个温度

观测孔。在冻结壁左右两侧各安装 1～2 个外测孔，在冻结孔最大斜距布置 1～2 个内测孔。

④ 温度观测孔布置应避开每一冻结分段头部冻结孔。

⑤ 在布置测温孔后，冻结段冻结孔不应超过设计中规定的最大孔间距值，若超过设计中规定的最大孔间距时，应补打冻结孔以确保冻结效果。

（3）水文观测孔布置

① 每一冻结区段均应有水文观测孔，且每个冻结区段中部至少有 1 个水文观测孔。

② 水文观测孔终点应位于井筒中心位置，其偏斜率不应大于 5‰。

③ 井筒中心位置水文观测孔管路为花管。

3.2.3 冻结调控理论与工艺优化

（1）环形冻结管冻结防窜水

为适应斜井复杂地质条件，施工使用的衬砌混凝土等级及其厚度通常较高。随井壁厚度增加，内部温度上升相对显著，导致井壁内外温差增大；由于厚井壁的热传递速度较慢，高温状态持续时间会更长，温度最高可达 39.6～48.8 ℃。井壁内部产生的较大温度应力易导致井壁开裂，降低井筒浇筑质量，缩短井筒使用寿命[138]。同时，由于浇筑后的内部温度升高，易导致冻结壁化冻，在冻结壁和井壁之间形成水流通道，上一冻结段化冻后水流通过此通道下窜到工作面，易发生淹井事故。

为解决以上问题，研究采用环形冻结管冻结技术，如图 3-4 所示，在架棚的工字钢棚档之间预埋 ϕ75 mm×6.0 mm 低密度聚乙烯管材，将管子两端通过已割断的中排冻结管通到地面与冻结系统连接，形成盐水循环。环形冻结管与工字钢棚、网、冻结壁浇筑为一体，井壁浇筑后立即恢复盐水循环冻结，实现井壁与冻结壁一体化冻结。这样既可避免混凝土衬砌成型过程中因温度升高而导致井筒成型质量降低，又能有效防止冻结壁解冻，避免在砂卵石土层与混凝土衬砌之间产生水流通道，有效解决了上一冻结区段冻结壁化冻后水流下窜到工作面问题。

(2)等效冻结时间调控理论

当前设计方案多应用真空隔热管来提高掘进断面的保温效果，但当冻结壁交圈闭合后，井筒顶底板及两帮冻结壁冷量扩散传递，导致狭窄的掘进断面空间温度逐渐降低。为了尽量减小掘进时挖掘冻土，提升掘进速率，必须精准控制盐水的温度和流量。

盐水温度、流量直接影响冻土扩展速率，通过改变冻结时长来影响冻结效

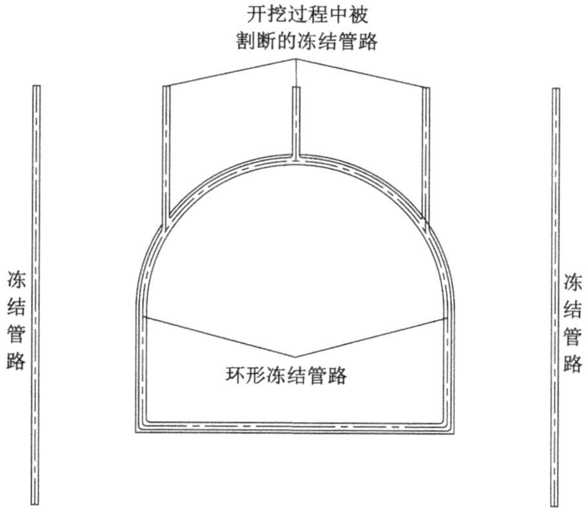

图 3-4 环形冻结管布置示意图

果和冻结壁特性。在制冷系统实际运转时，由于盐水的初始温度相对较高，其运动状态因子即循环盐水热传导能力的值会相对较大，约为 1.5。随着盐水温度降低，盐水黏度的提升会导致其流动状态难以从层流向紊流转变，只能以层流状态运转，此时盐水运动状态因子会降到 0.9～1.0。因此，不考虑其他后续影响因素，初始冻结开机时，开机冻结 1 天的等效冻结时间约为 1.5 天，随着冻结时间的延长，约 60～80 天后，冻结效应逐步下降，直至开机冻结 1 天等效冻结时间为 1 天。因此，一般冻结前期制冷系统单位热流量取 1.1～1.3，冻结后期单位热流量调整为 0.8～1.0[139]。

冻结壁交圈及掘进断面冻实的总需冷量与地层条件和盐水温度、流量等因素有关，在冻结掘砌过程中，做好温度监测、水位孔观测、掘进断面揭露情况记录。总结积极冻结期（冻结初始阶段）掘进断面冻实时间与盐水温度、流量的关系，作为后续冻结的参照，然后根据掘进速度调控后续冻结时盐水温度和流量，折算到积极冻结期，与积极冻结期掘进断面冻实时间比较，科学调控盐水温度和流量[133]。

因此，要实现掘进断面少挖冻土，提高掘进效率，必须做好盐水温度和流量调控。为此采取冻结管串联，外排孔 W1 与外排孔 W2 沿井筒走向串联，中排孔横向串联，如图 3-5 所示。冻结孔盐水流量：积极冻结期＞10 m^3/h（中排孔）～13 m^3/h（外排孔），维护冻结期（冻结壁形成后维持冻结壁不化冻阶段）[133] 5～8 m^3/h。

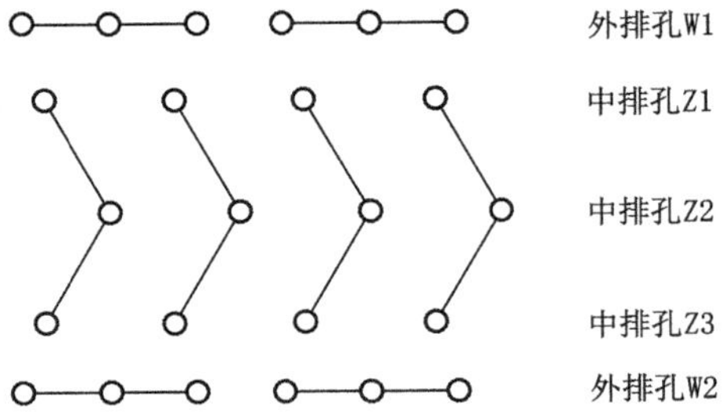

图 3-5　冻结管串联示意图

(3)步进式冻结投入调控理论

在冻结施工时，若一次投入使用的冻结孔过多，循环盐水温度回升较快，盐水温度波动较大，制冷效果变差，此时冻结时间延长，冻结成本[140]增加。若冻结时间较长，冻土强度过高造成掘进施工困难。为降低冻结成本，提高冻结与掘进的配合效果，提出步进式冻结投入调控理论。步进式冻结投入调控是在每一个冻结区段中，依据形成有效冻结壁厚度的时间及掘进施工速度划分冻结区段长度[141]，其具体实现方式如下：

① 斜井冻结施工中冻结管路一般采用垂直布置，冻结管路(标号分别为 A、B、C、D、E)沿井筒轴线方向成排布置，布孔示意如图 3-6 所示。将冻结钻孔划分为不同的冻结区段，沿井筒轴线方向对每一排冻结孔进行编号。

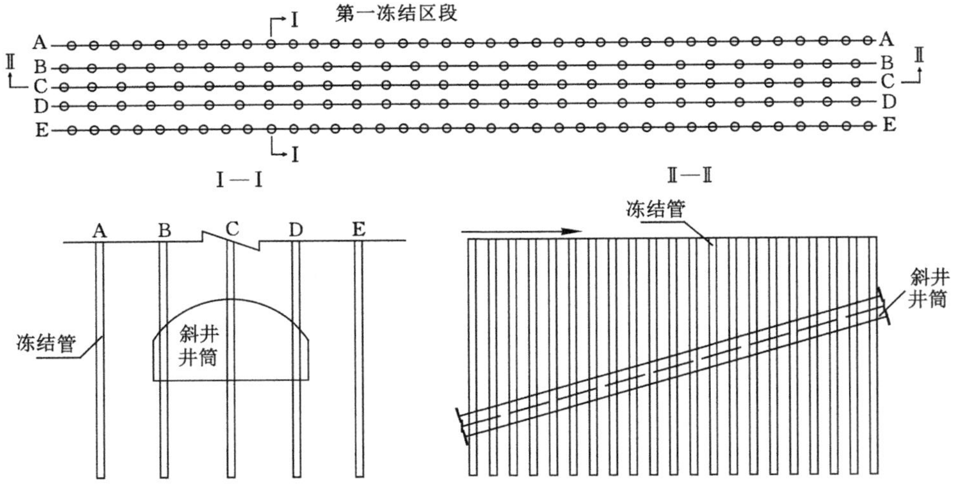

图 3-6　斜井冻结布孔示意

② 第一冻结区段冻结钻孔施工完成后，对该区段冻结管路一次性全部投入使用，在第一区段冻结的同时施工第二冻结区段的冻结钻孔。

③ 第一冻结段区开始冻结后，第二冻结区段第一排冻结孔开始冻结的时机需要根据掘进计划、第一冻结区段冻结壁交圈情况、第一冻结区段长度等因素确定。第二冻结段区第一排冻结孔有效冻结壁形成时间需要比掘进计划稍晚，在保障掘进施工安全的同时又能够使冻结地层达到最适宜的掘进状态。

在后续冻结施工中，根据掘进施工速度及揭露的冻结地层温度合理调整后续冻结孔开始冻结时间，进一步提高掘进施工效率。

3.2.4　冻结壁稳定判别准则

3.2.4.1　浅埋条件下冻结壁荷载

埋深 $H_j \leqslant h_k$(2.0～2.5 m)时，为浅埋井筒，其中 h_k 为井筒承载环境中自然形成压力平衡拱的高度，m。在埋深较小的情况下，根据埋深较浅的硐室松散岩柱理论，冻结壁上半部($\theta \in [\pi/2, 3\pi/2]$)其受到的垂直地应力计算方式如下：

$$q_1 = \gamma_2 H_j \tag{3-4}$$

$$h_k = \frac{R_1 + 2R_1 \cos\alpha \tan\left(45° - \frac{\varphi_a}{2}\right)}{f} \tag{3-5}$$

式中：q_1 为垂直地应力，MPa；γ_2 为上覆地层的容重，kN/m^3；R_1 为井筒掘进半径或冻结壁内径，m；α 为井筒倾角，(°)；φ_a 为岩土体内摩擦角，(°)；f 为普氏系数。

水平侧压力可按照朗肯公式计算，即：

$$q_2 = \gamma_2 H_j \tan^2\left(45° - \frac{\varphi_a}{2}\right) \tag{3-6}$$

式中：q_2 为水平侧压力，MPa。

如图 3-7 所示，在完成井筒开挖、衬砌施工后，整个地层剖面上井筒的整体重量发生变化，冻结壁下半部受到的外部荷载发生变化，其改变荷载为衬砌等效容重和冻结岩体容重差与井筒掘进位置埋深相乘，再叠加上初始应力，最终可得冻结壁外荷载垂直于水平分量如下[142-144]：

$$q_1' = q_1 + 2(\gamma' - \gamma_2) R' \cos\theta \cos\alpha \tag{3-7}$$

$$q_2' = q_2 + 2(\gamma' - \gamma_2) R' \cos\theta \cos\alpha \tan^2\left(45° - \frac{\varphi_R}{2}\right) \tag{3-8}$$

式中：q_1'为开挖后垂直地应力，MPa；q_2'为开挖后水平侧压力，MPa；γ'为冻结壁等效容重，kN/m^3，对于井筒衬砌段有 $\gamma' = \frac{R'^2 - R_1}{R'^2}\gamma_2 + \frac{R_1^2 - R_2^2}{R'^2}\gamma_h$，对于井

筒空帮段有 $\gamma'=\dfrac{R'^2-R_1}{R'^2}\gamma_2$，($\gamma_h$ 为混凝土容重，kN/m³；R'为冻结壁外缘半径，m；R_2 为井筒衬砌施工后内部直径，m)。

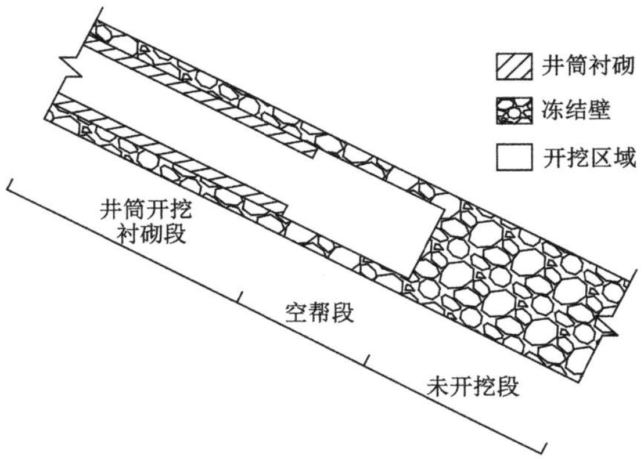

图 3-7　斜井倾向剖面图

在采用圆柱坐标系的情况下，井筒冻结壁受到的外荷载如图 3-8 所示，其中 q_r 为井筒冻结壁外侧沿径向受到的荷载，MPa；$q_{r\theta}$ 为冻结壁外侧沿环向受到的剪切荷载，MPa；q_{rz} 为冻结壁外侧沿井筒轴向受到的剪切荷载，MPa；r、θ、z 分别为井筒的径向角度、环向角度、轴向角度，(°)。

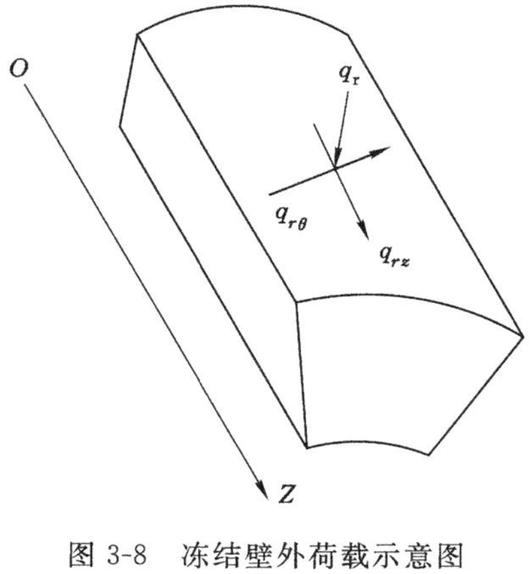

图 3-8　冻结壁外荷载示意图

设井筒相对方位角 Ω 为 π/2，则埋深 H_j 可用式(3-9)表达：

$$H_j = z\sin\alpha - R'\cos\theta\cos\alpha \tag{3-9}$$

由式(3-7)～式(3-9)得冻结壁外缘($r=R'$)的荷载表达式为：

$$\begin{cases} q_r = \gamma_2(z\sin\alpha - R'\cos\theta\cos\alpha)\left[\tan^2\left(45° - \dfrac{\varphi_R}{2}\right)(1-\cos^2\theta\cos^2\alpha) + \cos^2\theta\cos^2\alpha\right] \\ q_{r\theta} = \dfrac{1}{2}\gamma_2\sin(2\theta)\cos^2\alpha(z\sin\alpha - R'\cos\theta\cos\alpha)\left[\tan^2\left(45° - \dfrac{\varphi_R}{2}\right) - 1\right] \\ q_{rz} = \dfrac{1}{2}\gamma_2\cos\theta\sin(2\alpha)(z\sin\alpha - R'\cos\theta\cos\alpha)\left[\tan^2\left(45° - \dfrac{\varphi_R}{2}\right) - 1\right] \\ \theta \in \left[\dfrac{\pi}{2}, \dfrac{3\pi}{2}\right] \end{cases} \tag{3-10}$$

$$\begin{cases} q_r = [\gamma_2(z\sin\alpha - R'\cos\theta\cos\alpha) + 2(\gamma' - \gamma_2)R'\cos\theta\cos\alpha][\cos^2\theta\cos^2\alpha + \\ \quad \tan^2\left(45° - \dfrac{\varphi_R}{2}\right)(1-\cos^2\theta\cos^2\alpha)] \\ q_{r\theta} = \dfrac{1}{2}\sin(2\theta)\cos^2\alpha[\gamma_2(z\sin\alpha - R'\cos\theta\cos\alpha) + 2(\gamma' - \gamma_2)\cdot \\ \quad R'\cos\theta\cos\alpha]\left[\tan^2\left(45° - \dfrac{\varphi_R}{2}\right) - 1\right] \\ q_{rz} = \dfrac{1}{2}\cos\theta\sin(2\alpha)[\gamma_2(z\sin\alpha - R'\cos\theta\cos\alpha) + 2(\gamma' - \gamma_2)R'\cos\theta\cos\alpha]\cdot \\ \quad \left[\tan^2\left(45° - \dfrac{\varphi_R}{2}\right) - 1\right] \\ \theta \in [0, \dfrac{\pi}{2}) \cup (\dfrac{3\pi}{2}, 2\pi] \end{cases} \tag{3-11}$$

3.2.4.2 冻结壁稳定性判别

对于斜井冻结壁稳定性判别主要从两方面进行，即强度和变形条件[144]。

(1) 以强度条件为依据评估冻结壁的稳定性

当冻结岩体发生塑性变形时，通过找到冻结岩体受力最大处，以第三或者第四强度理论来进行校核。在初始地应力的作用下，冻结壁所承受的最大主应力不应超过冻结岩体的最大承受应力，根据第三强度理论可得：

$$\sigma_1 - \sigma_3 \leqslant [\sigma] \tag{3-12}$$

式中：σ_1、σ_3 为三向应力状态下，冻结壁由大到小的两个主应力，MPa；$[\sigma]$为冻结岩体的最大承受应力，MPa。

按照第四强度理论得：

$$\sigma_0 = \sqrt{\sigma_r^2 + \sigma_z^2 + \sigma_\theta^2 - \sigma_r\sigma_z - \sigma_z\sigma_\theta - \sigma_\theta\sigma_r} \leqslant [\sigma] \tag{3-13}$$

式中：σ_0 为计算应力，MPa；σ_r 为冻结壁径向应力，MPa；σ_θ 为环向应力，MPa；σ_z 为轴向应力，MPa。

(2) 以变形条件为依据评估冻结壁的稳定性

即在地层压力作用下，冻结壁产生的最大变形是否超过规定的最大许用变形值。判断标准如下：

$$\varepsilon_r \leqslant \min\{[f],[\varepsilon_r]\} \tag{3-14}$$

式中：ε_r 为冻结壁的最大径向变形，mm；$[f]$为掘进段长内冻结管的最大许用变形值，mm；$[\varepsilon_r]$为冻结壁的最大许用变形值，mm。

3.3 斜井冻结壁缺口弥合理论及方法

3.3.1 卵石层冻结壁缺口影响因素

(1) 强透水卵石层导水性强

如图 3-9 所示，矿区内第四系卵石层含水层孔洞发育，受大气降水及地表水体补给条件较好，富水性强。通过开挖后揭露冻结壁未交圈位置来看，地层空洞发育，空洞中无岩土充填，均由冰充填。局部地段解冻后类似泉眼，导水性强，地下水流速过大，导致冻结壁存在缺口难以交圈。

图 3-9 掘进迎头揭露实况

(2) 局部区域地下水流速较大

工业广场内有矿用水源井和邻近渔场抽水井各 1 口，且与主斜井相距 300 m 的渔场长期以 120 m^3/h 抽水，经现场试验发现，下游渔场抽水活动停止时，监测到矿区内水位回升速度较快，如图 3-10 所示，由此可知渔场抽水活动对矿区浅部地下水位有明显的影响，渔场的抽水活动也极有可能对冻结壁的形成与交圈有较大影响。

图 3-10 开挖后帮部渗水

3.3.2 冻结壁缺口弥合方法

受强富水大流速卵石透水层较大流速的地下水影响，冻结施工至该层位时冻结壁存在缺口无法交圈。为此，基于排查冻结壁缺口不交圈、降低地下水流速、截停地下水流、加强局部冻结的技术原理，以弥合冻结壁缺口为目标，提出“缺口精准排查(查)”“地下水截流降速(截)”“地面注浆堵水(堵)”与“强化冻结弥合(冻)”相结合的冻结壁缺口快速排查与弥合方法。

缺口精准排查(查)：对全部外排孔进行盐水纵向温度测温，寻找局部纵向温度突变点，确定该突变点所在地层，发现该地层存在水流速度异常导致热源冲刷冻结壁，影响冻结壁扩展。

地下水截流降速(截)：暂停冻结区域下游矿井生产与生活地下水抽取，同时在水流上游布置降水井，降低冻结区段地下水流速。

地面注浆堵水(堵)：在正对冻结壁缺口地下水流的上游，通过地面注浆形成封水帷幕，以阻挡相对高温的地下水冲刷冻结壁，导致冻结壁缺口不交圈。

强化冻结弥合(冻)：在冻结壁缺口不交圈所在区段，原冻结孔的基础上补打冻结孔实施局部强化冻结。

3.3.3 冻结壁缺口精准排查与确定

主斜井冻结过程中出现了卵石层段局部水流速度大、冻结壁难以交圈的问题。通过开挖后揭露出水位置来看，如图 3-11 所示，局部卵石空洞中无岩土充填，均由冰充填。局部地段解冻后类似泉眼，导水性强，地下水流速过大，导致冻结壁存在缺口难以交圈。因此需对冻结壁缺口进行精准排查，确定不交圈缺口所在区段。

调查研究主斜井冻结区域及周围 600 m 范围内水文地质条件后，分析认

图 3-11　开挖所揭露的空洞

为:与主斜井相距 300 m 的渔场长期以 120 m^3/h 的速率抽水,且主斜井相距 380 m 的沁水河流速也很快,对主斜井冻结区域卵石层水流速度影响大。卵石层中发育空洞、水流通道的存在会严重影响冻结壁交圈,使冻结时间与冻结费用投入大幅增加。

采用外排孔全孔盐水纵向温度测温法排查冻结壁不交圈缺口与冻结薄弱点。主斜井冻结站开冻 12 d 盐水温度降至 −25 ℃以下,对第一段外排孔全部进行盐水纵向温度测温,发现局部纵向温度存在明显的温度突变点,ⅠW2-21～ⅠW2-26 冻结孔纵向温度在 5～15 m 深度范围内变化较大。分析认为在该水平段水流速度异常,其冻结孔所在位置附近存在水流热源,影响冻结壁发展。

根据图 3-12 与图 3-13 数据分析结果,假设单个冻结孔形成的冻结体为圆柱形[145],绘制冻结壁发育与不交圈缺口情况如图 3-14 所示。

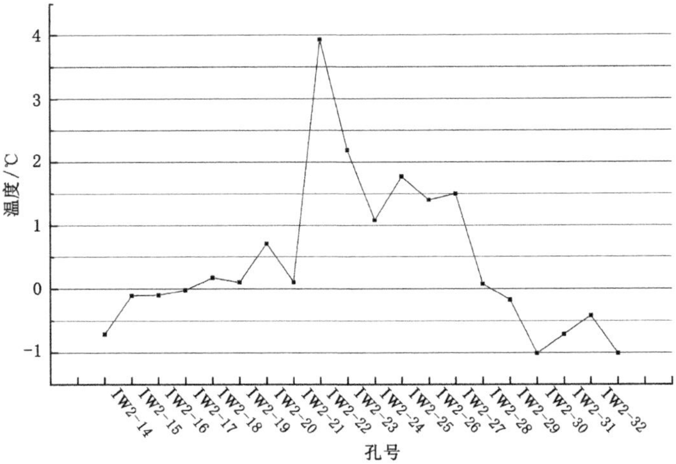

图 3-12　主斜井部分外排孔温度温差曲线

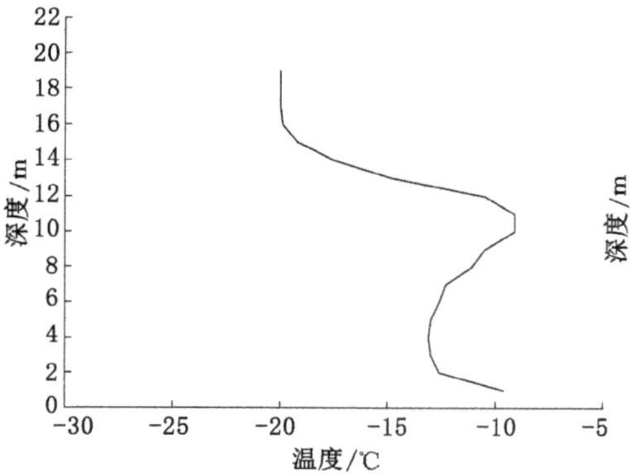

（a）ⅠW2-21

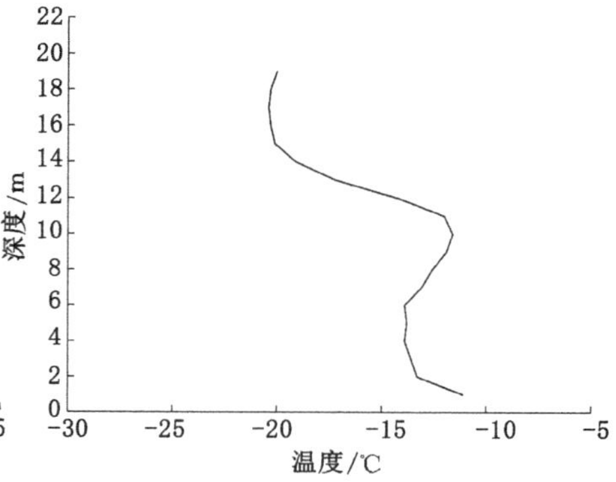

（b）ⅠW2-22

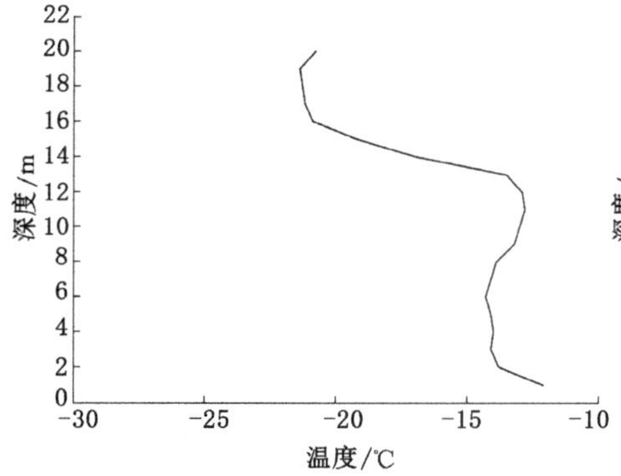

（c）ⅠW2-23

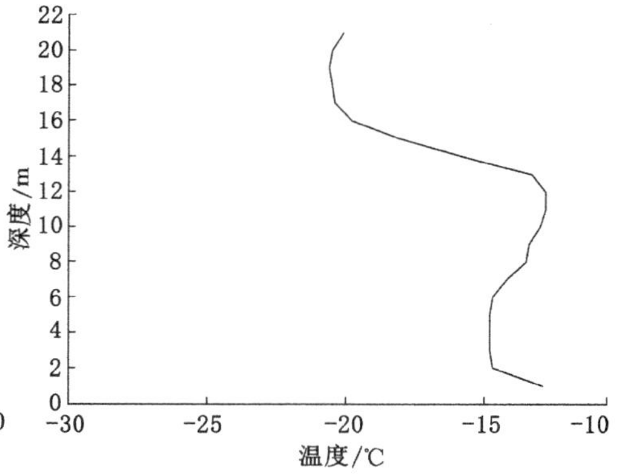

（d）ⅠW2-24

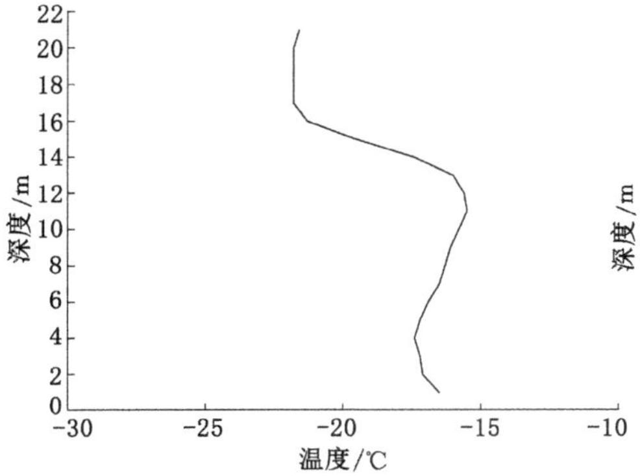

（e）ⅠW2-25

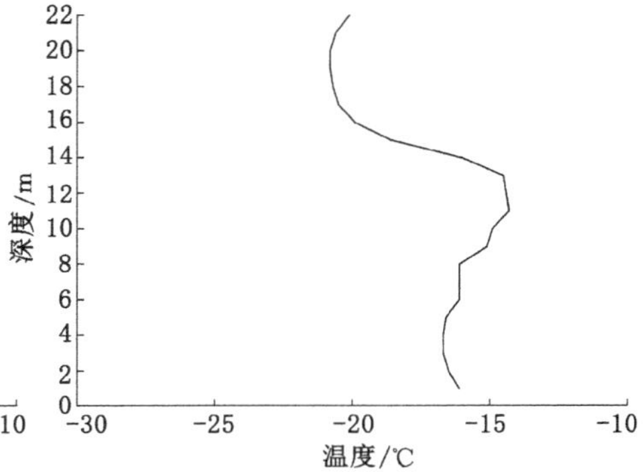

（f）ⅠW2-26

图 3-13　ⅠW2-21～ⅠW2-26 冻结孔纵向温度曲线

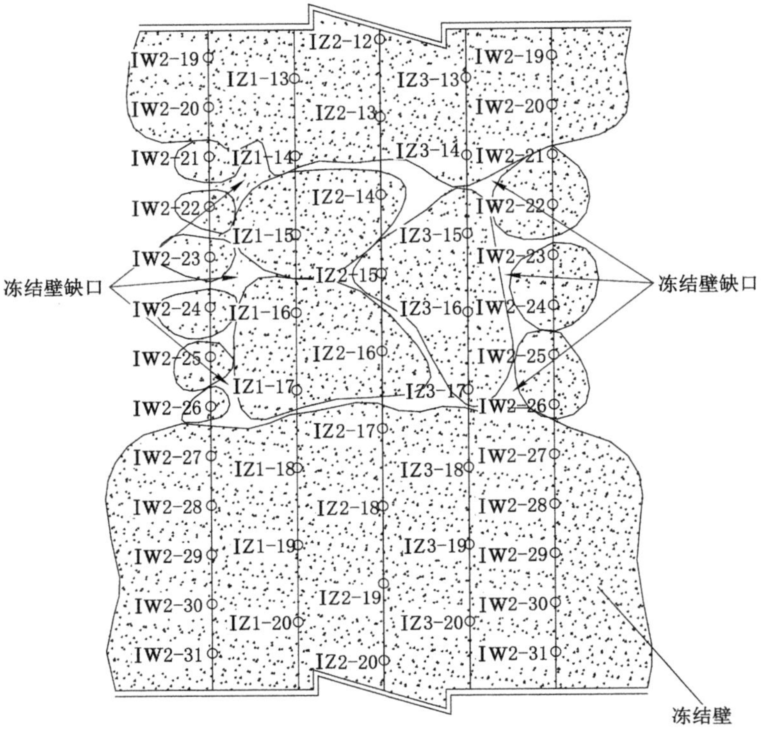

(a) 冻结壁缺口位置平面图

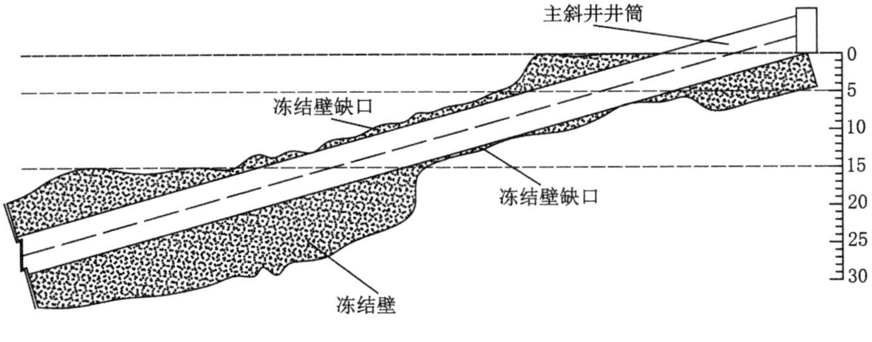

(b) 冻结壁缺口层位剖面图

图 3-14　冻结壁发育与不交圈缺口情况

3.3.4 地下水截流降速

第四系卵石层含水层地下水流速度快，输送到地下的冷量流失大，影响冻结效果。当下游渔场停止抽水时，矿区内水源井水位快速回升，说明渔场抽水井对矿区内地下水水位与流速有明显影响，从而影响冻结壁的发育，导致冻结壁形成缺口，出现不交圈问题。在冻结孔盐水循环施工时，冻结壁发展迅速，此时应停止地下水下游渔场与矿区内部的各类抽水活动，同时在地下水上游布置降水井，降低冻结区段附近浅部地下水流速与流量。

3.3.5 地面注浆堵水

(1) 地面注浆孔布置原则

① 注浆钻孔按照等间距的同心圆布置。在施工场地受限情况下，钻孔布置可以适当调整以适应具体空间要求。

② 为了确保井筒掘砌作业不受干扰，注浆孔应布置于冻结施工区域外围。

③ 注浆形成的帷幕在满足截留地下水的前提下，应尽量减少注浆孔数量，降低钻进工程量。

④ 为避免注浆时化学料浆反应释放的热量对冻土壁形成过程产生负面影响，并确保有充足的施工空间以加强冻结孔作用，应适当增加注浆孔与冻结孔间距。

(2) 注浆孔布置方式

浅部地面注浆施工中一般采用全直孔布置方式，其布置原则如下[146]。

① 根据井筒技术参数设计布孔圈径，保证钻孔均匀布置在圈径上。所有钻孔应尽可能垂直钻进至注浆深度，钻孔落点位于设计规定的目标区域内，分段进行注浆作业。

② 受到现场空间限制，在布置钻孔时无法做到全直孔均匀分布。为确保钻孔精准落在注浆目标区域内，施工时采用定向钻进技术。

(3) 注浆压力

注浆压力的选择需要综合考虑冻结地层的埋深、孔隙度和静水压力等因素，不同的浆液所需的注浆压力也不尽相同。化学浆液所需注浆压力小于水泥浆；埋深较浅的地层所需的注浆压力小于埋深较大的地层；渗透系数较大的地层所需注浆压力小于渗透系数小的地层。

注浆压力可用式(3-15)计算：

$$P_2 = K_0 H_z \tag{3-15}$$

式中：P_2 为注浆压力，MPa；K_0 为压力系数，MPa/m，在较浅的地层取 0.021～

0.023;H_z 为注浆地层的深度,m。

在工程实践中,注浆压力多数由工程类比进行初步确定,在后续施工中根据施工情况进行调整,常用的砂卵石地层注浆压力经验公式如下[147]。

$$P_2=C(0.75H_z+K_1\lambda' H_z) \tag{3-16}$$

$$P_2=\beta\gamma_2 H_z+CK_1\lambda' H_z \tag{3-17}$$

式中:C 为与孔序有关的系数,随着孔距的逐级加密,按顺序可取 1、1.25、1.5;K_1 为注浆方式系数,由上向下注浆为 0.8,由下向上注浆为 0.6;λ'为与地层性质有关的系数,在地层结构较为疏松且渗透性强的情况下,该系数取较小值;β 为系数,在 1~3 间选取;γ_2 为上覆地层的容重,取 10 N/m^3。

(4) 浆液种类

包括以水泥浆液为主的颗粒性材料和以化学浆液为主的无颗粒性材料,具体见表 3-3。

表 3-3 注浆材料分类

	浆液种类	浆液类型
注浆材料	颗粒性浆液	水泥浆
		黏土浆
		黏土水泥浆
		水泥粉煤灰浆
		水泥-水玻璃浆
	无颗粒性浆液	水玻璃类
		环氧树脂类
		甲基丙烯酸酯类
		聚氨酯类
		丙烯酸盐类
		丙烯酰胺类
		木质素类
		脲醛树脂类

用于形成注浆帷幕、填补砂卵砾石空洞的注浆材料需要具有如下特点[148]:浆液流动性好,凝胶时间可控,无毒,不会对施工人员、地下水和注浆施工器具造成损害污染。

(5) 注浆工艺优化

① 实时监控浆液消耗量与注浆压力,以免破坏已经交圈的冻结壁,同时确

保浆液扩散范围合理。

② 注浆钻孔域分段施工，钻孔护壁使用泥浆注浆，确保注浆孔钻孔施工顺利。

③ 根据注浆施工情况，及时调整浆液中水玻璃比例，确保堵水帷幕快速高效生成。

(6) 注浆堵水试验

如图 3-15 所示，在IW2-21～IW2-26 号冻结孔外 1.2 m 施工一排钻孔进行注浆堵水和强化冻结，注浆孔与主冻结孔的距离为 4 m。通过对冻结壁透水情况及地层概括，确定挡水帷幕的长度为 10 m，注浆孔间距为 4 m，注浆孔深超过砂卵石层 2 m，总深度 30 m，注浆位置位于－20～－30 m 砂卵石层，注浆段高 10 m[145]。

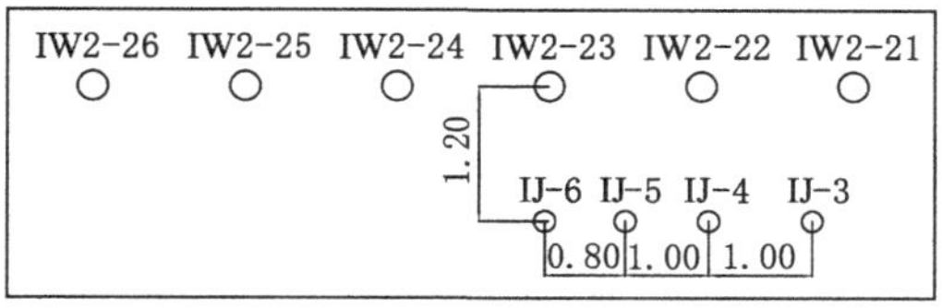

图 3-15 主斜井第一段注浆堵水钻孔布置图(单位:m)

浆液为双料浆液，水泥为 P·O 42.5 硅酸盐水泥，水玻璃浓度为 35～42°Bé，水灰比 1∶1；水性 UF 树脂马克水 Max07 化学浆，对 3～6 号钻孔进行注浆，注浆终压为静水压力的 1.5 倍，压力值为 0.45 MPa。

3.3.6 强化冻结缺口弥合

在排查出冻结壁缺口后，针对主要致因进行强化冻结，加强冻结孔补打在注浆孔与原冻结孔之间，加强冻结孔布置如图 3-16 所示。

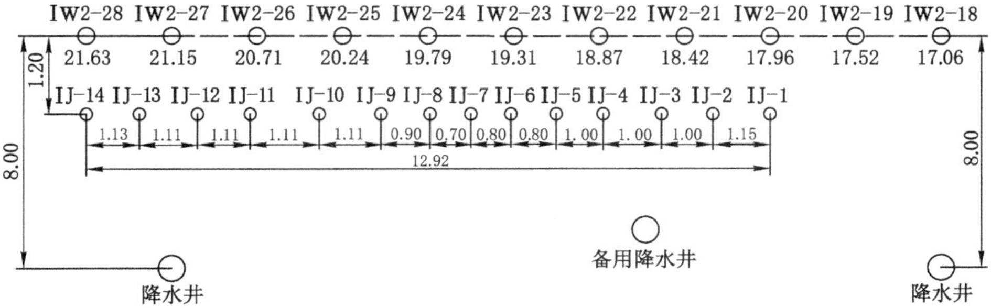

图 3-16 里必煤矿主斜井第一段加强冻结孔布置图(单位:m)

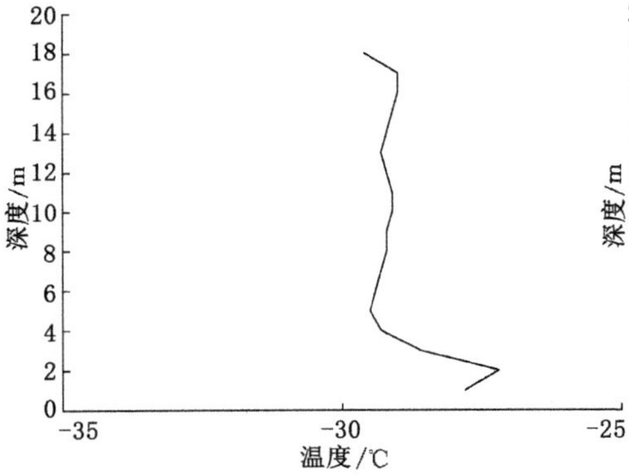

(a) IW2-21

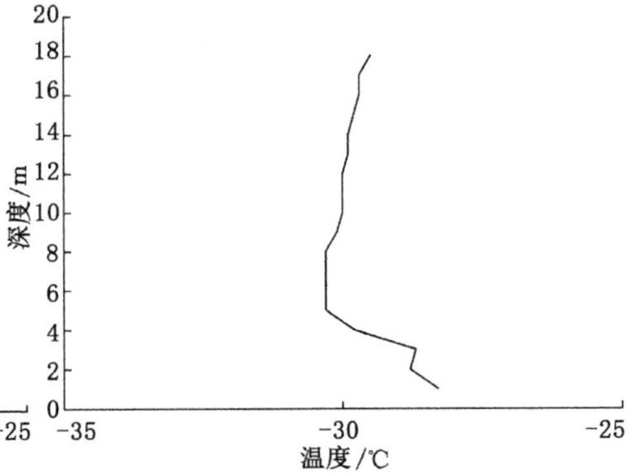

(b) IW2-22

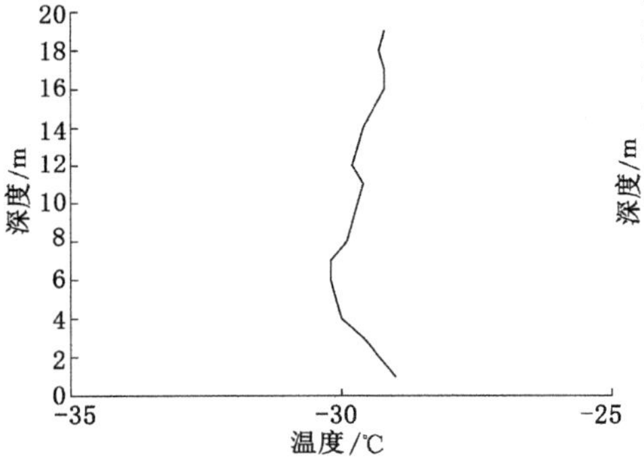

(c) IW2-23

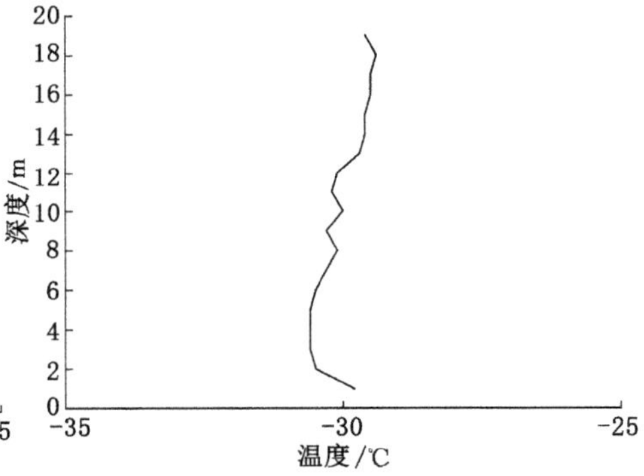

(d) IW2-24

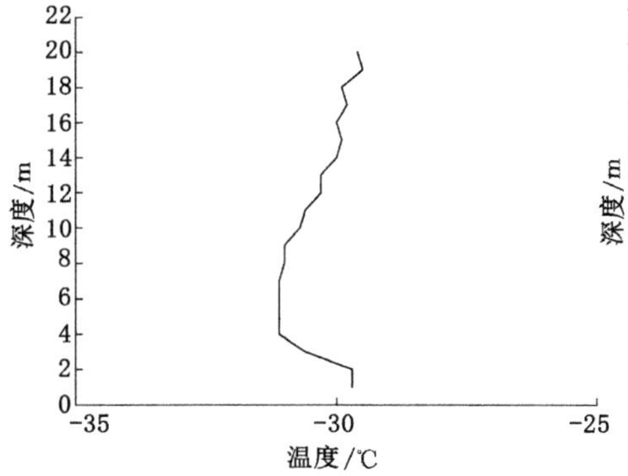

(e) IW2-25

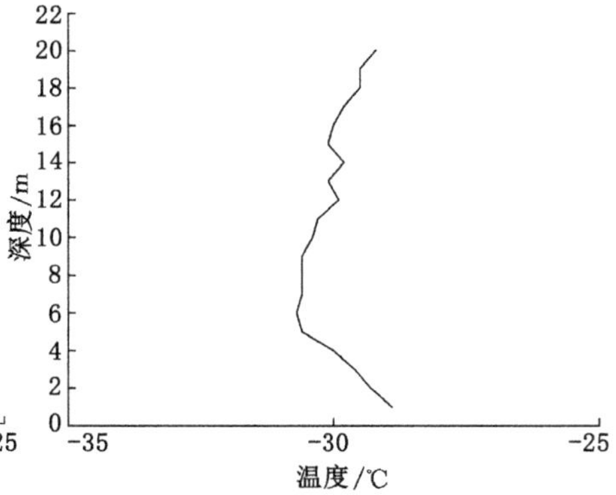

(f) IW2-26

图 3-17　注浆加强冻结后纵向温度曲线图

加强孔注浆后强化冻结 21 天，检查纵向温度如图 3-17 所示，通过对比分析，随着加强孔投入运行，以及冻结时间延长，纵向温度曲线拐点逐渐变小，整个地层温差最大不超过 3 ℃，原来的拐点已逐渐消失，温差逐渐变小，冻结壁按设计时间交圈。

3.4 斜井冻结段井壁稳定机理

3.4.1 模型建立

(1) 模型参数确定

为建立尽可能接近现场实际且可行的数值计算模型，需要根据实际现场情况并进行合理的假设以对所分析的问题进行合理简化，做出如下假定：

① 冻结后卵砾石地层为均质地层，地层材质与力学性能均匀，忽略冻结地层温度分布不均匀造成的力学参数的非均匀分布。

② 冻结地层原岩应力均匀分布。

③ 主斜井掘进与衬砌施工均采用分段施工。

为消除边界效应，上部已支护段和下部未开挖段均应选取适当的长度，模型尺寸为长×宽×高＝350 m×50 m×75 m，其中，需开挖段斜长 230 m，井筒倾斜角度 16°。模型其他几何参数：井筒形状为直墙半圆拱＋反底拱、掘进宽度 7.0 m、掘进高度 5.9 m，衬砌厚度、空顶距按照模拟计算方案进行取值。

斜井施工地层的本构模型采用 $FLAC^{3D}$ 莫尔-库仑模型。模拟所采用地质柱状图如图 3-18 所示，斜井冻结段所穿越地层岩石风化程度计算模型参考图 3-19，不同风化程度其破碎程度不同，岩体力学强度弱化程度也不同，根据不同风化程度岩体与原生岩体的强度测试，得出全风化带岩体力学强度相对于原生岩体折减程度为 1/30～1/15，强风化带岩体力学强度相对于原生岩体折减程度为 1/15～1/10，弱风化岩体力学强度相对于原生岩体折减程度为 1/10～1/3[149-155]。

主斜井所穿越全风化带、强风化带、弱风化带、混凝土衬砌力学参数见表 3-4～表 3-7，冻结后地层的力学参数均参照试验结果(－10 ℃)进行取值，其力学参数见表 3-8。

序号	柱状图	岩性	层厚/m	埋深/m
11		黄土层	6.50	6.50
10		卵石层	10.00	16.50
9		泥岩	2.85	19.35
8		细粒砂岩	1.00	20.35
7		泥岩	1.72	22.07
6		细粒砂岩	9.50	31.57
5		砂质泥岩	8.64	40.21
4		细粒砂岩	1.60	41.81
3		泥岩	15.99	57.80
2		粉砂岩	1.89	59.69
1		泥岩	15.31	75.00

图 3-18　模拟所采用地质柱状图

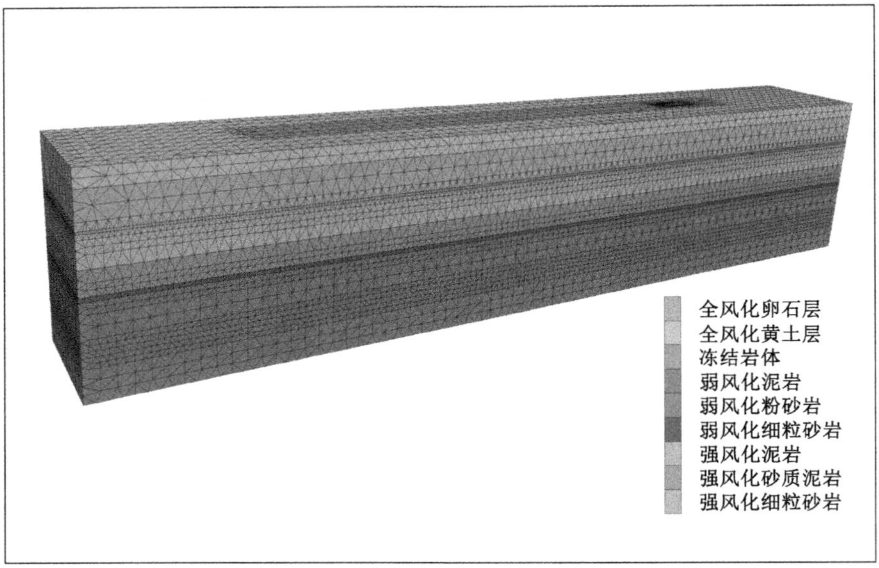

图 3-19　斜井冻结段所穿越地层岩石风化程度计算模型

表 3-4 主斜井所穿越全风化带力学参数

岩性	密度 /(kg/m^3)	体积模量 /GPa	剪切模量 /GPa	抗拉强度 /MPa	黏聚力 /MPa	内摩擦角 /(°)
黄土层	1950	0.28	0.03	0.003	0.03	22.5
砂卵石层	2 230	0.31	0.06	0.011	0.09	23.0

表 3-5 主斜井所穿越强风化带力学参数

岩性	密度 /(kg/m^3)	体积模量 /GPa	剪切模量 /GPa	抗拉强度 /MPa	黏聚力 /MPa	内摩擦角 /(°)
泥岩	2 400	0.35	0.16	0.031	0.22	26.0
细粒砂岩	2 540	1.33	0.83	0.110	0.70	34.0
砂质泥岩	2 500	0.31	0.23	0.033	0.23	32.0

表 3-6 主斜井所穿越弱风化带力学参数

岩性	密度 /(kg/m^3)	体积模量 /GPa	剪切模量 /GPa	抗拉强度 /MPa	黏聚力 /MPa	内摩擦角 /(°)
泥岩	2 420	0.60	0.27	0.052	0.37	26.0
细粒砂岩	2 570	2.27	1.43	0.190	1.20	34.0
粉砂岩	2 580	1.36	0.74	0.150	1.03	33.0

表 3-7 混凝土衬砌力学参数

密度 /(kg/m^3)	体积模量 /GPa	剪切模量 /GPa	抗拉强度 /MPa	黏聚力 /MPa	内摩擦角 /(°)
2 500	16.67	12.50	1.890	12.31	45.0

表 3-8 冻结后岩体力学参数

密度 /(kg/m^3)	体积模量 /GPa	剪切模量 /GPa	抗拉强度 /MPa	黏聚力 /MPa	内摩擦角 /(°)
2 450	1.04	0.60	0.130	1.02	27.7

(2) 模型边界条件

计算模型的边界条件如图 3-20～图 3-22 所示。

① 主斜井地层计算模型侧面为应力边界，侧面施加水平应力，顶部不额外

施加垂直应力。

② 模型最底层固定水平与垂直位移，侧面固定水平位移；已采用衬砌支护段井筒断面上固定水平与垂直位移。

③ 主斜井未支护地段不固定位移边界以模拟顶底板及两帮变形。

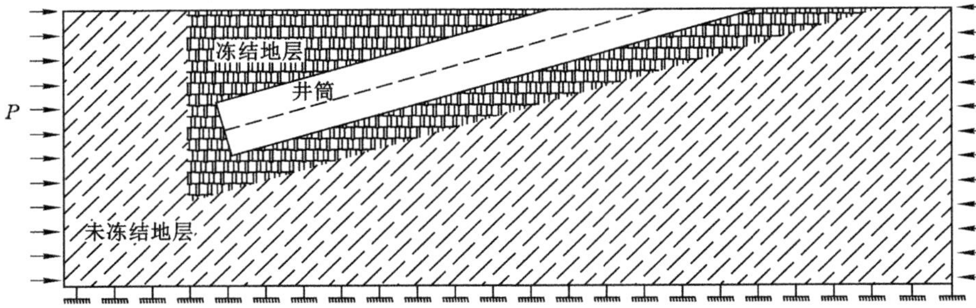

图 3-20 主斜井地层计算模型轴向截面示意图

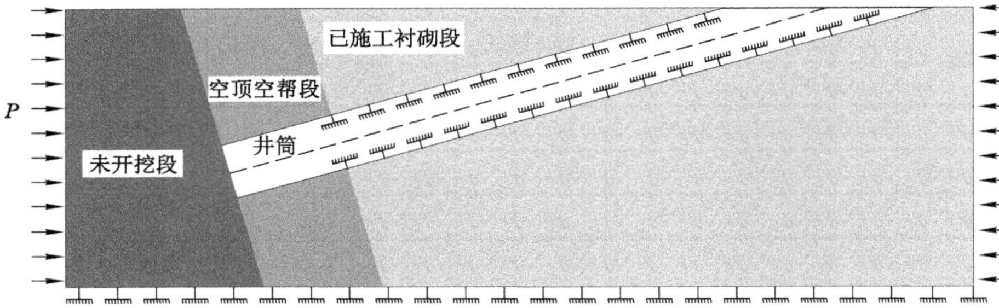

图 3-21 衬砌支护计算模型轴向截面示意图

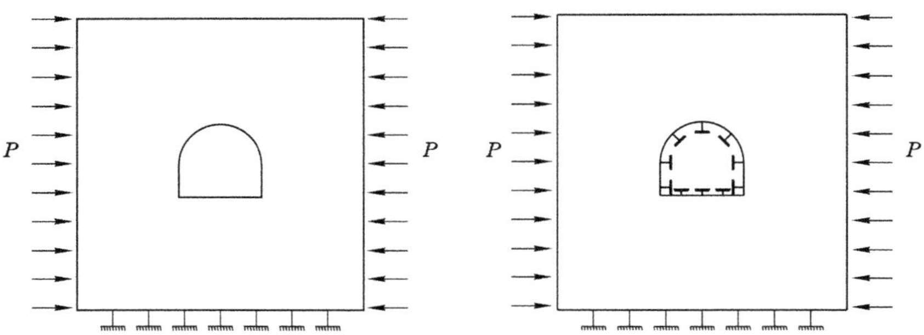

图 3-22 计算模型横向截面示意图

(3) 模型方案设计

① 在斜井横断面沿 A、B、C 三点布置轴向测线(图 3-23 所示),监测应力与位移分布特征,模拟分析主斜井冻结段不同衬砌厚度(0.2 m、0.4 m、0.6 m、0.8 m、1.0 m)下井壁稳定性演化规律,得出最优井壁衬砌厚度。

② 模拟分析最优衬砌厚度时主斜井不同空顶距(1.8 m、3.6 m、5.4 m、7.2 m)下井壁稳定性演化规律,得出最优空顶距。

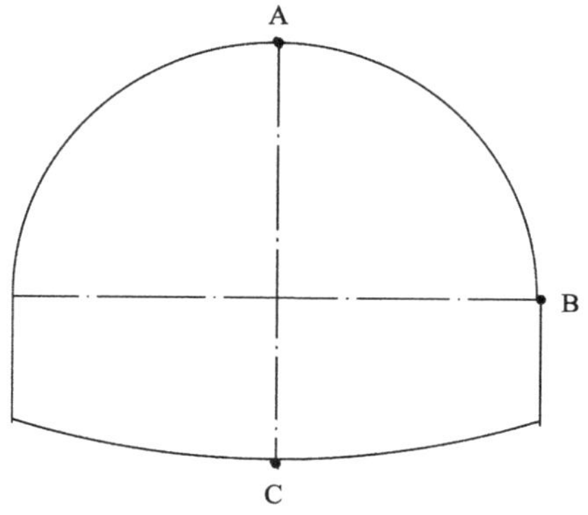

图 3-23 主斜井横断面测点布置

3.4.2 井壁稳定机理

3.4.2.1 不同衬砌厚度下井壁稳定性演化规律

(1) 应力分布规律

① 垂直应力分布

根据不同衬砌厚度下主斜井井壁垂直应力云图及垂直应力分布图(图 3-24 和图 3-25)显示,不同衬砌厚度下主斜井井壁垂直应力分布形态无较大差别,整体上从浅部到深部垂直应力逐渐增大,垂直应力的最大值出现在拱基线 B 点处,在衬砌厚度 0.2 m 时出现最大垂直应力为 3.38 MPa。A 点垂直应力整体呈现减小的趋势,在衬砌厚度 1.0 m 时 A 点整体垂直应力较大,最大值为 1.08 MPa。C 点上垂直应力整体上随埋深的增加而减小,但是分布离散化严重,说明反底拱衬砌结构所受垂直应力较为复杂。

② 水平应力分布

根据不同衬砌厚度主斜井井壁水平应力云图及水平应力分布(图 3-26 和图 3-27)显示,不同衬砌厚度下衬砌水平应力无分布形态差别,从浅部到深部水平应力逐渐增大,水平应力的最大值都在拱基线 B 点处,在衬砌厚度 0.2 m 时

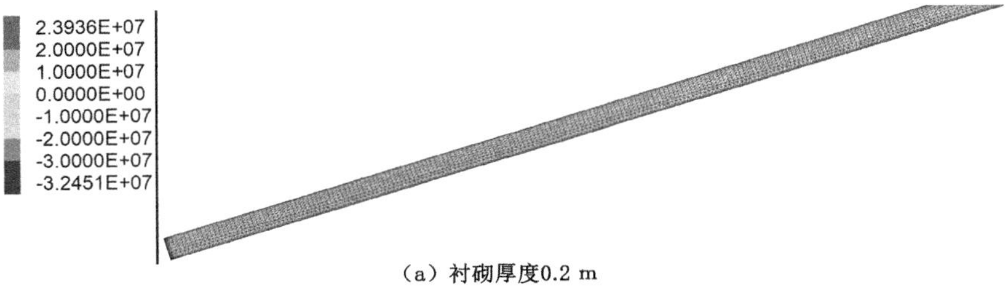

(a) 衬砌厚度0.2 m

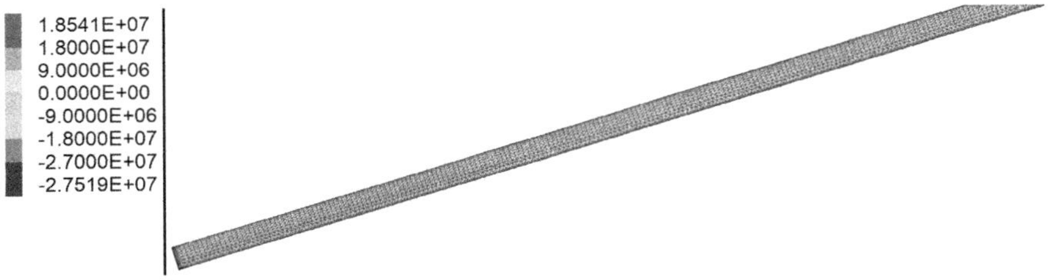

(b) 衬砌厚度0.4 m

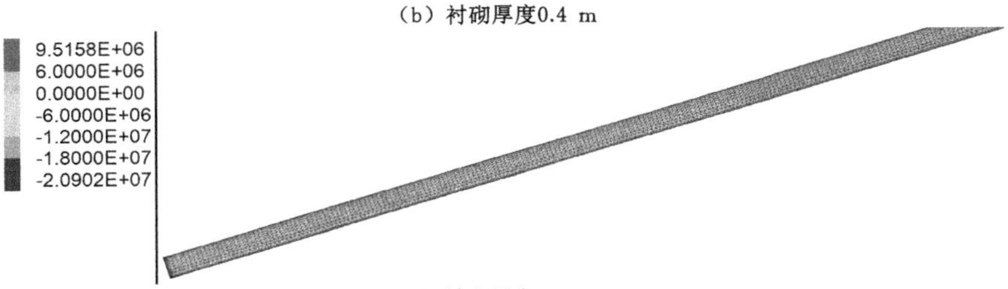

(c) 衬砌厚度0.6 m

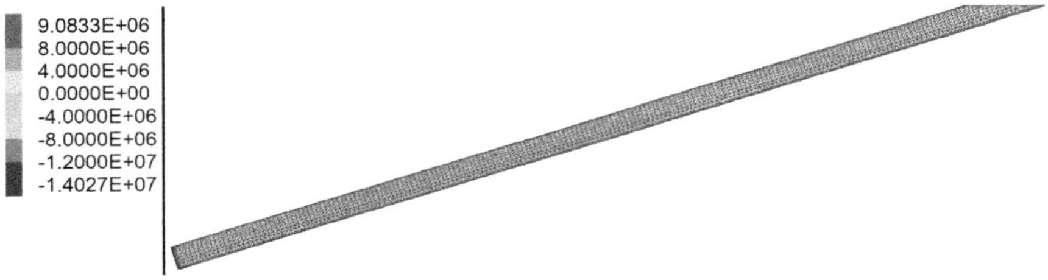

(d) 衬砌厚度0.8 m

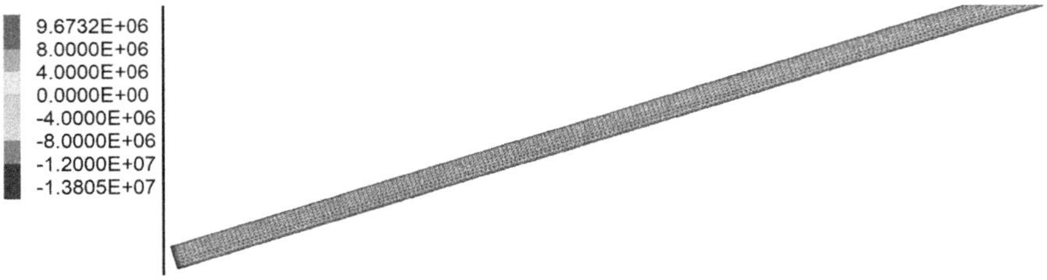

(e) 衬砌厚度1.0 m

图 3-24 不同衬砌厚度下主斜井井壁垂直应力云图(单位:Pa)

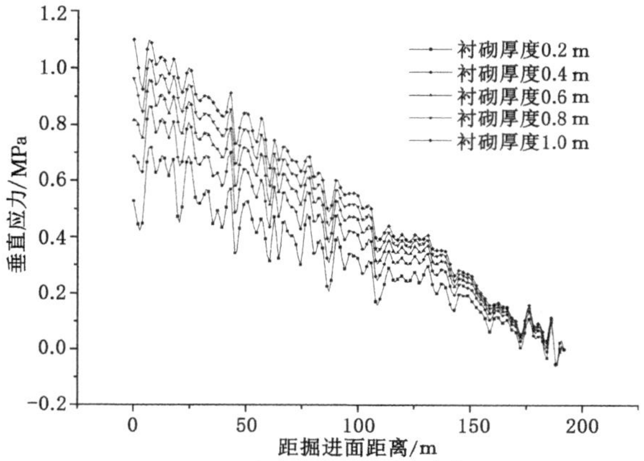

(a) A点顶板垂直应力

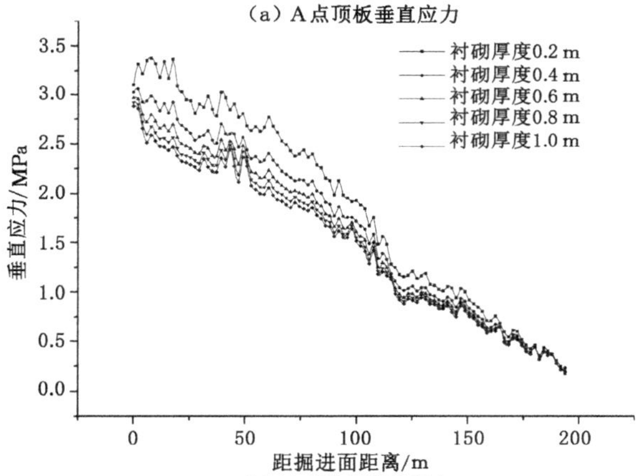

(b) B点帮部垂直应力

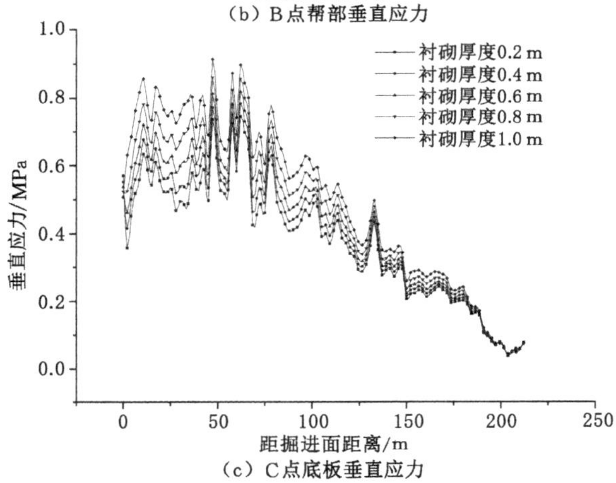

(c) C点底板垂直应力

图 3-25 不同衬砌厚度下主斜井井壁垂直应力分布

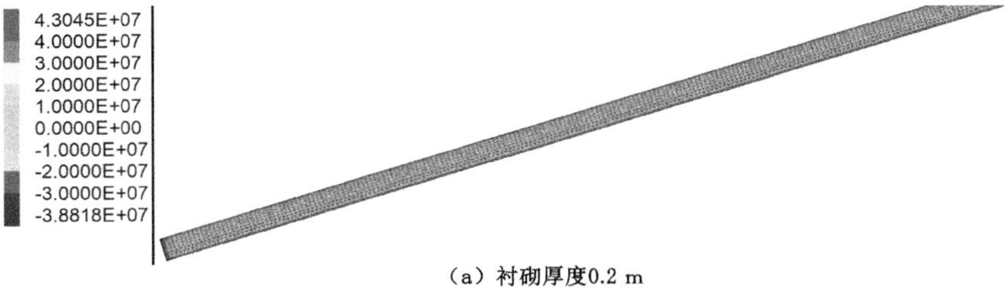

（a）衬砌厚度0.2 m

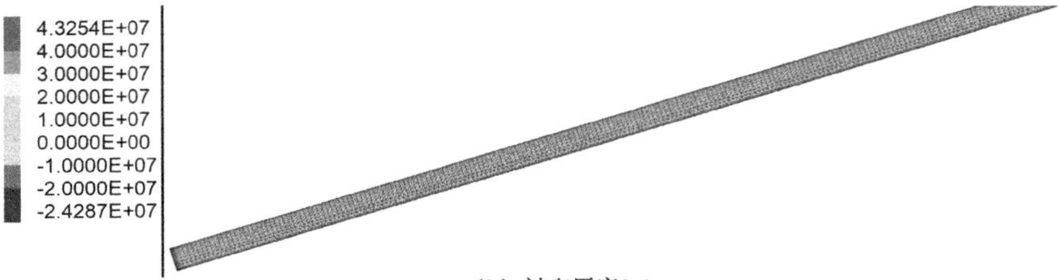

（b）衬砌厚度0.4 m

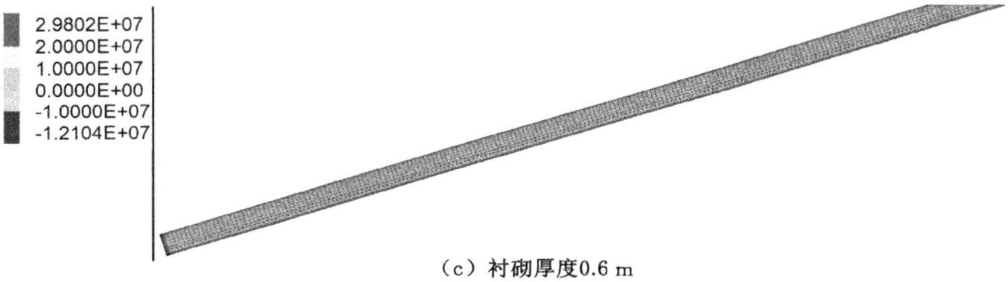

（c）衬砌厚度0.6 m

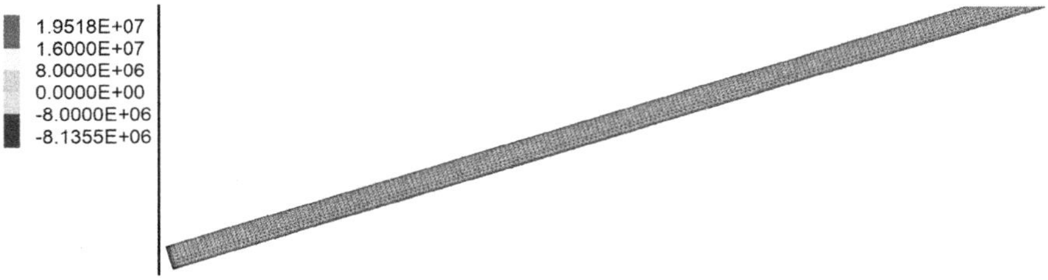

（d）衬砌厚度0.8 m

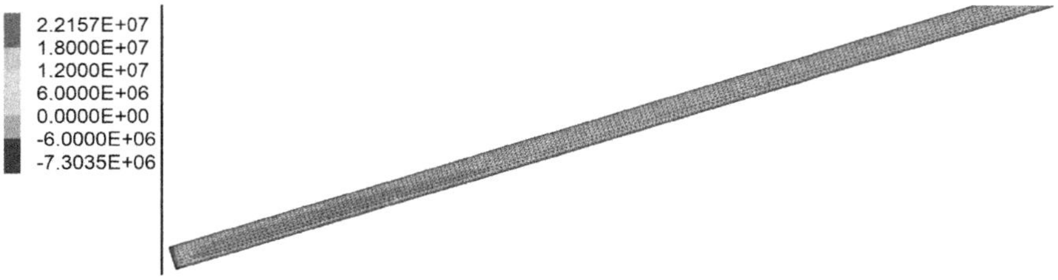

（e）衬砌厚度1.0 m

图 3-26　不同衬砌厚度下主斜井井壁水平应力云图(单位:Pa)

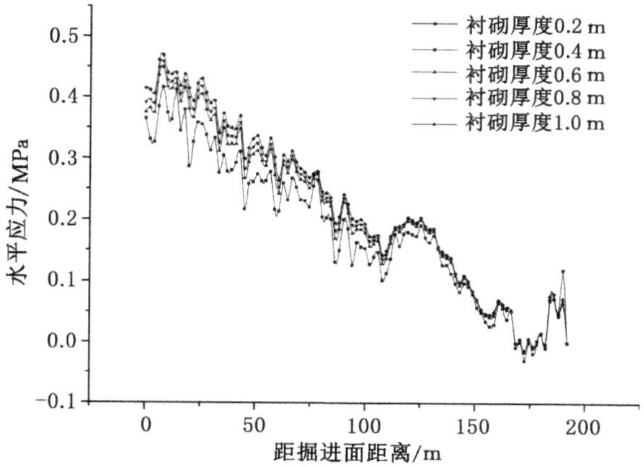

(a) A点顶板水平应力

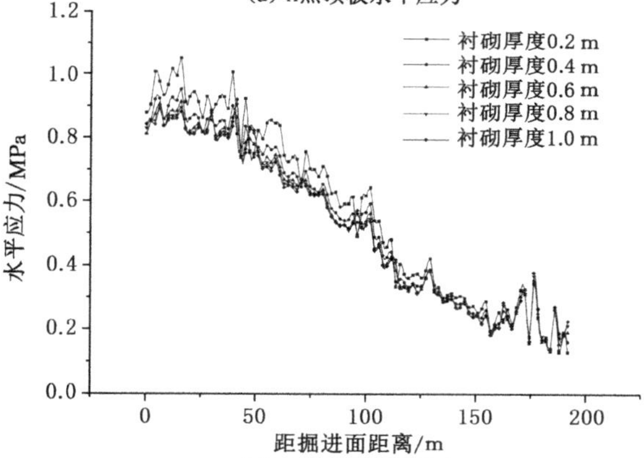

(b) B点帮部水平应力

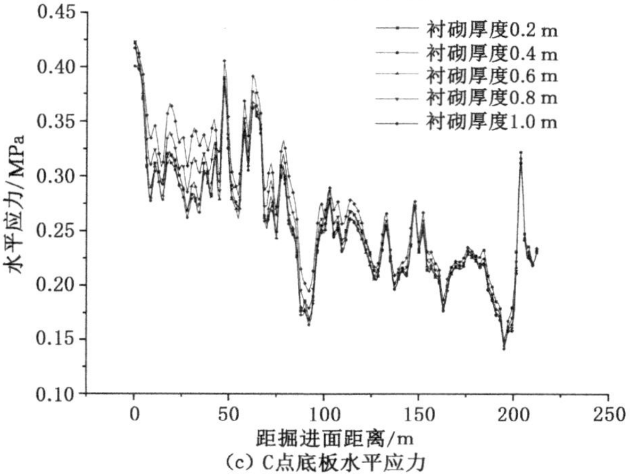

(c) C点底板水平应力

图 3-27　不同衬砌厚度下主斜井井壁水平应力分布

出现最大水平应力为 1.02 MPa，A 点与 C 点各个衬砌厚度所受水平应力在数值上无较大区别，其最大水平应力分别为 0.47 MPa 与 0.51 MPa，但是 C 点水平应力的分布较为分散与紊乱，说明反底拱断面形式对衬砌结构所受水平应力影响较大，设计中应考虑加强拱基线与反底拱部位。

③ 切向应力分布

根据不同衬砌厚度下主斜井井壁切向应力云图及切向应力分布(图 3-28 和图 3-29)显示，不同衬砌厚度下主斜井井壁切向应力无分布形态差别，整体上从浅部到深部切向应力逐渐增大，切向应力的最大值出现在拱基线 B 点处，在衬砌厚度 1.0 m 时出现最大切向应力为 1.01 MPa；A 点切向应力在减小的趋势中出现了一个逆势增长的峰值，在衬砌厚度 0.2 m 时出现的最大切向应力为 0.69 MPa；C 点上切向应力的分布离散化严重，说明反底拱衬砌结构所受切向应力较为复杂。

(2) 塑性区分布特征

如图 3-30 所示，主斜井掘巷及衬砌施工期间，塑性区主要分布在主斜井底板与帮部；顶板部位塑性区发育不明显，各衬砌厚度下塑性区发育形态与范围均较小。

(3) 位移分布规律

① 垂直位移分布

如图 3-31、图 3-32 所示，主斜井开挖后，冻结的岩体有一定变形，冻结岩体对支护衬砌结构的挤压作用，使得衬砌支护结构出现了垂直运动的趋势，衬砌结构垂直方向的最大位移出现在反底拱结构上 C 点附近；各个控制监测点的最大垂直位移均在衬砌厚度为 0.2 m 时出现，A 点向下垂直位移为 4.54 mm、B 点向下垂直位移为 0.36 mm、C 点向上垂直位移为 5.45 mm；衬砌结构最大竖向位移产生在反底拱结构中部，最小竖向位移产生在拱基线部位。

② 水平位移分布

如图 3-33、图 3-34 所示，主斜井开挖后，井壁水平位移整体呈现随着衬砌厚度增大而减小的趋势，衬砌结构水平方向的最大位移出现在拱顶上 A 点附近。A 点水平位移在埋深较大时，衬砌厚度为 1.0 m 位移较大；但是埋深较浅时衬砌厚度为 1.0 m 位移较小；B 点水平位移整体趋势随着衬砌厚度增大而减小；在 C 点上，衬砌厚度为 0.8 m 时整体位移较小。

综合分析主斜井围岩稳定性、施工效率与经济因素，得出主斜井最优衬砌厚度为 0.8 m。

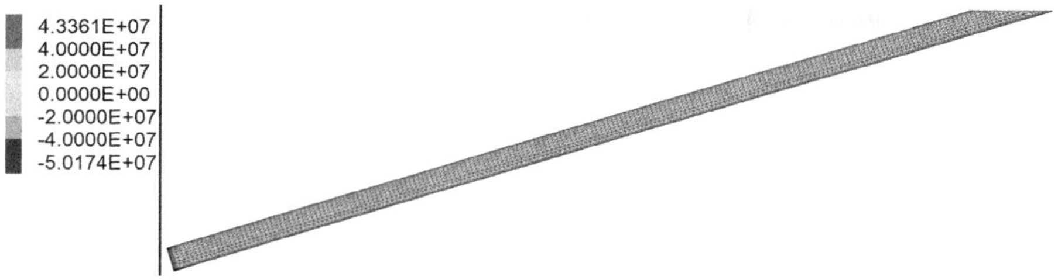

（a）衬砌厚度0.2 m

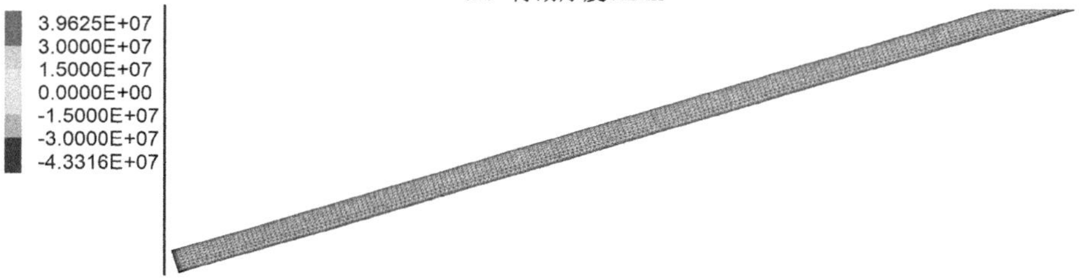

（b）衬砌厚度0.4 m

（c）衬砌厚度0.6 m

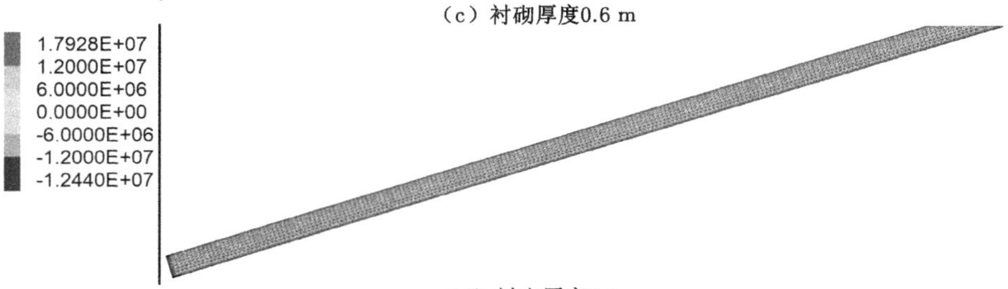

（d）衬砌厚度0.8 m

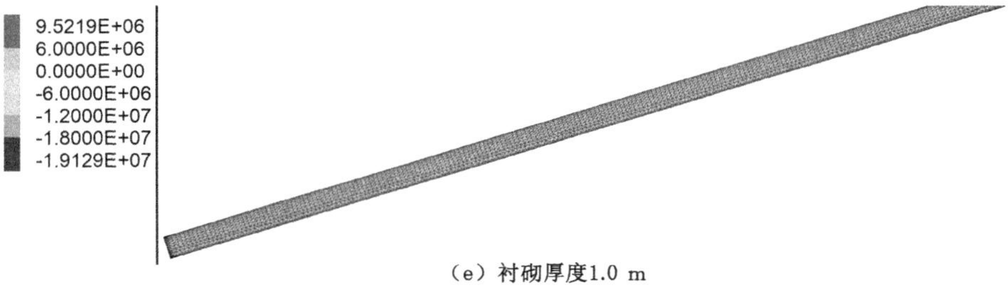

（e）衬砌厚度1.0 m

图 3-28　不同衬砌厚度下主斜井井壁切向应力云图(单位:Pa)

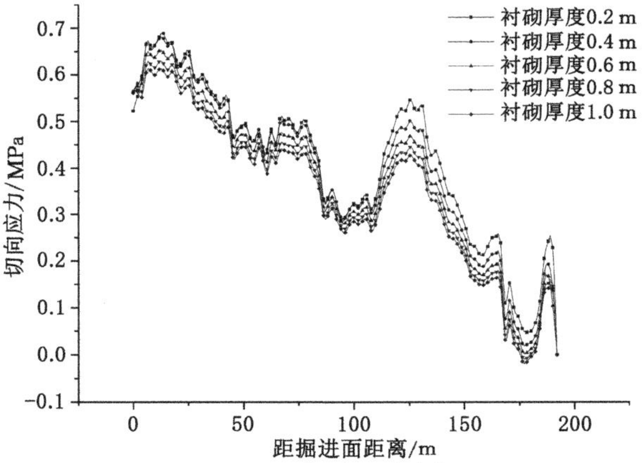

(a) A点顶板切向应力

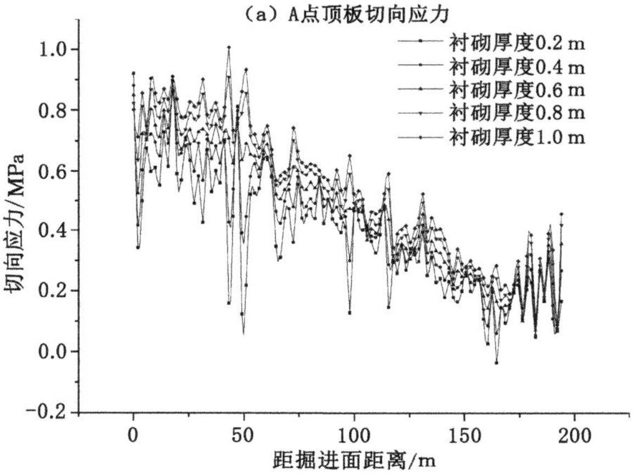

(b) B点帮部切向应力

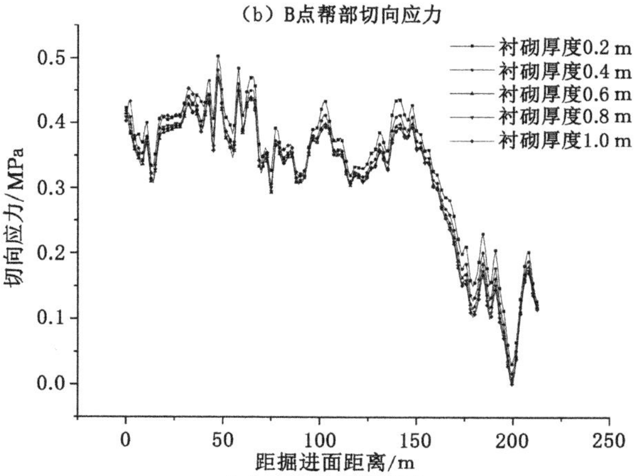

(c) C点底板切向应力

图 3-29 不同衬砌厚度下主斜井井壁切向应力分布

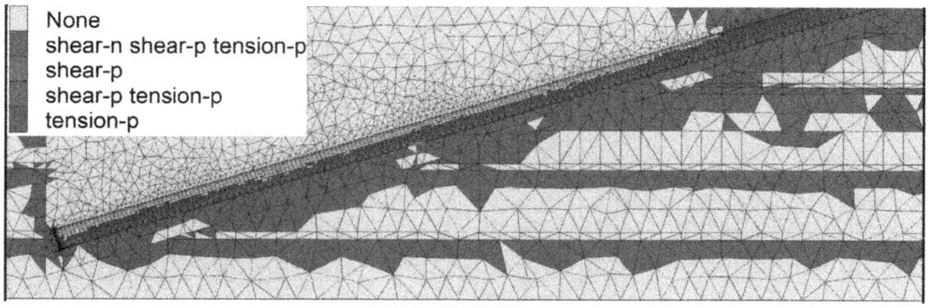

(a) 衬砌厚度0.2 m

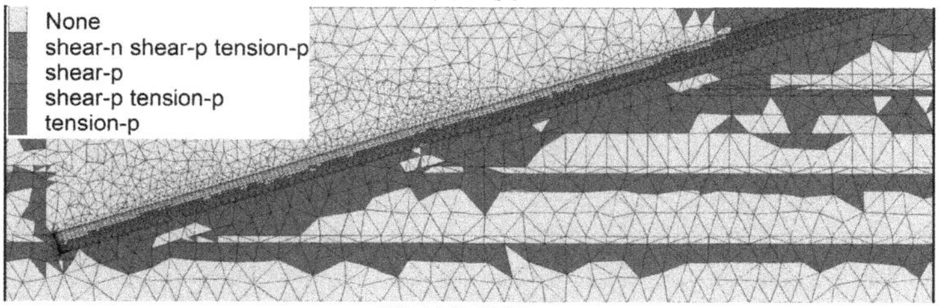

(b) 衬砌厚度0.4 m

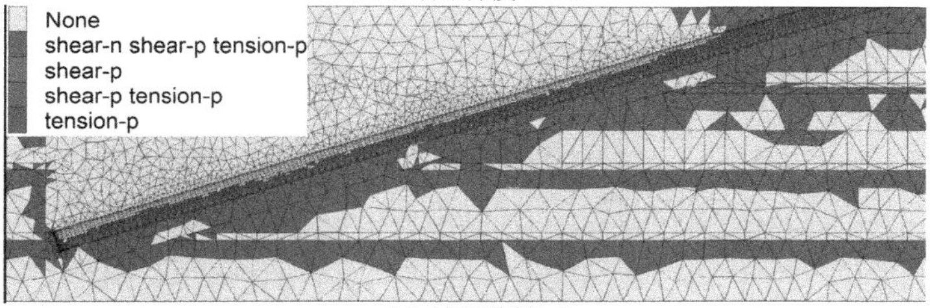

(c) 衬砌厚度0.6 m

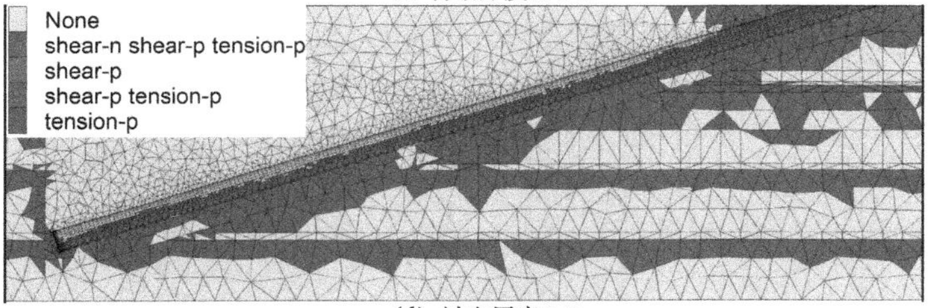

(d) 衬砌厚度0.8 m

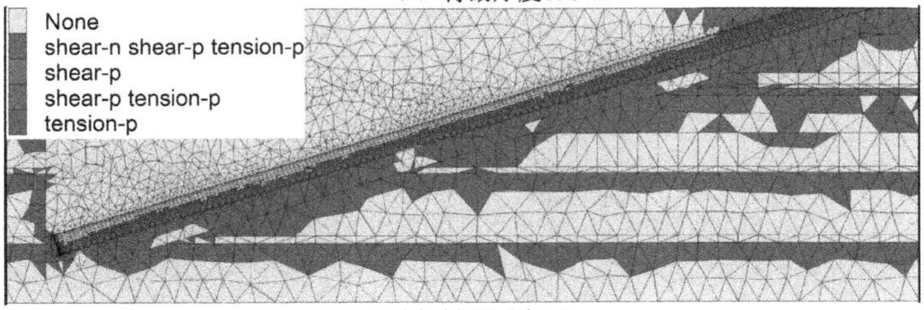

(e) 衬砌厚度1.0 m

图 3-30　不同衬砌厚度下主斜井衬砌塑性区分布

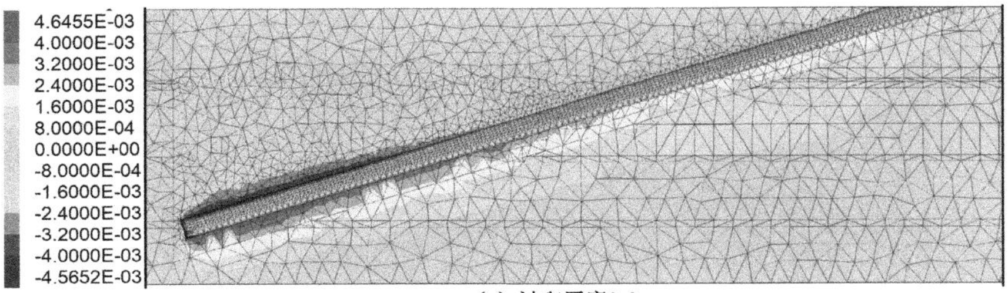

(a) 衬砌厚度0.2 m

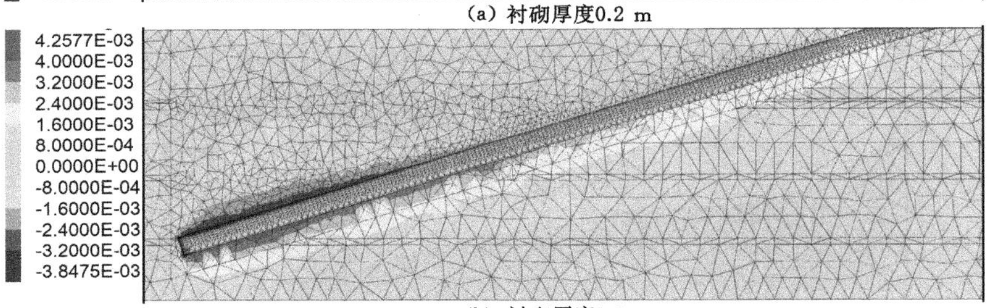

(b) 衬砌厚度0.4 m

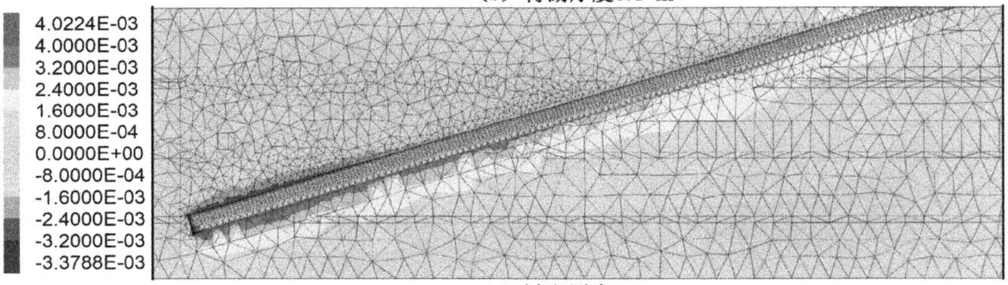

(c) 衬砌厚度0.6 m

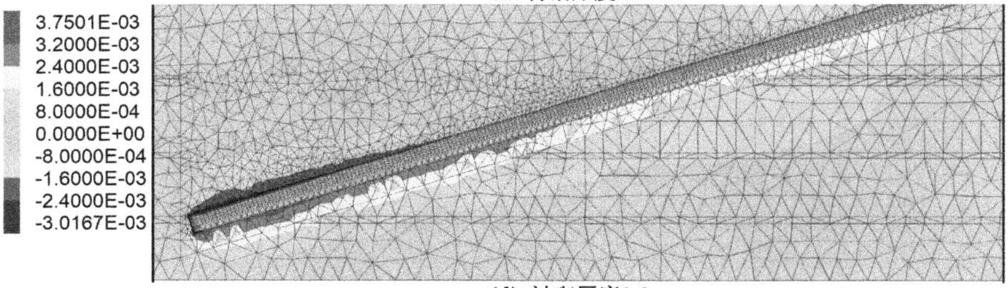

(d) 衬砌厚度0.8 m

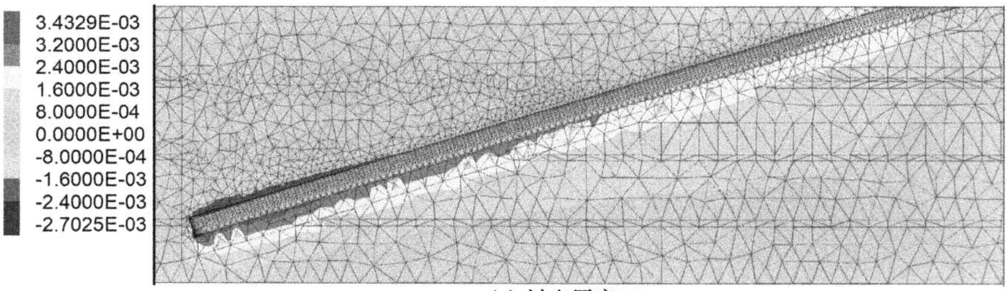

(e) 衬砌厚度1.0 m

图 3-31　不同衬砌厚度下主斜井围岩垂直位移云图(单位:m)

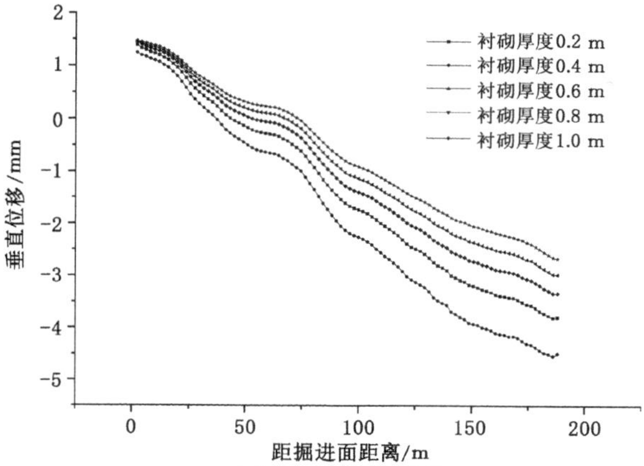

(a) A点顶板垂直位移

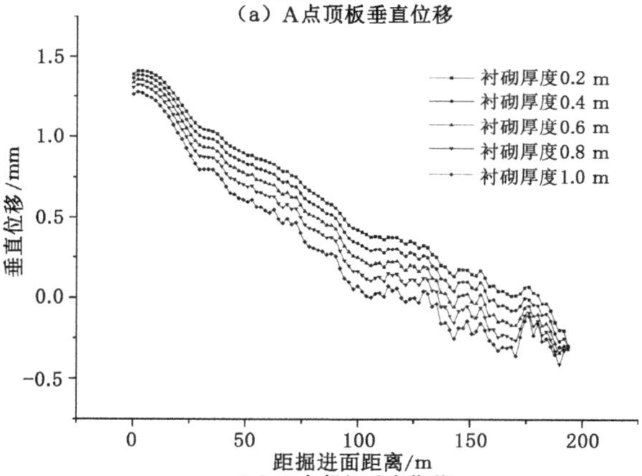

(b) B点帮部垂直位移

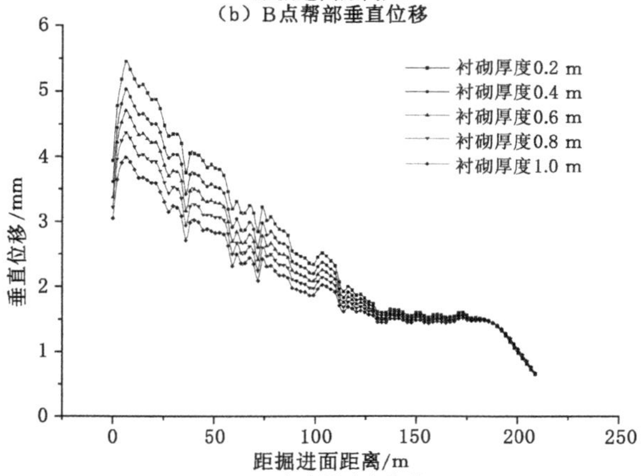

(c) C点底板垂直位移

图 3-32 不同衬砌厚度下主斜井井壁垂直位移分布

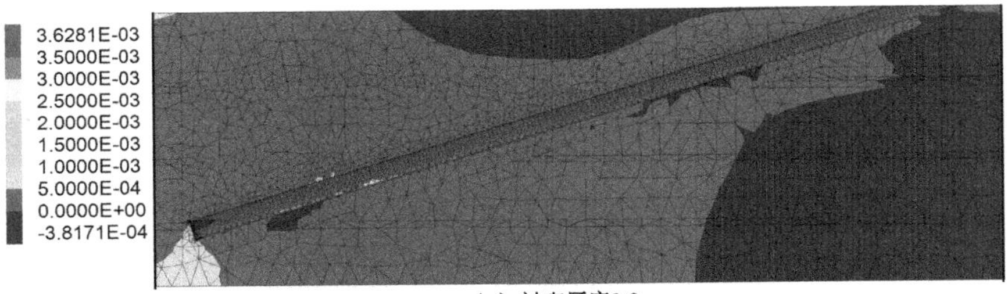

（a）衬砌厚度0.2 m

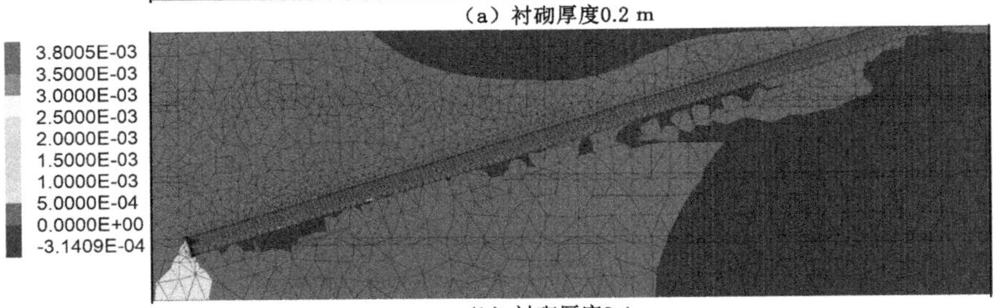

（b）衬砌厚度0.4 m

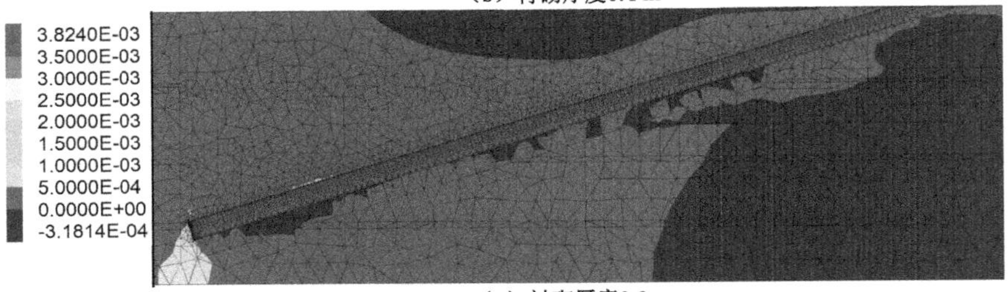

（c）衬砌厚度0.6 m

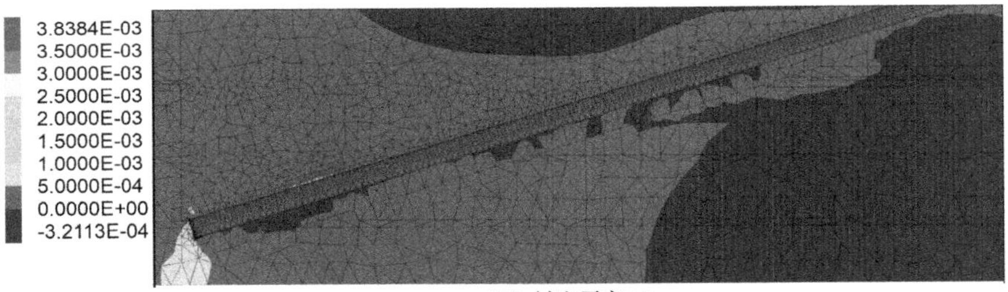

（d）衬砌厚度0.8 m

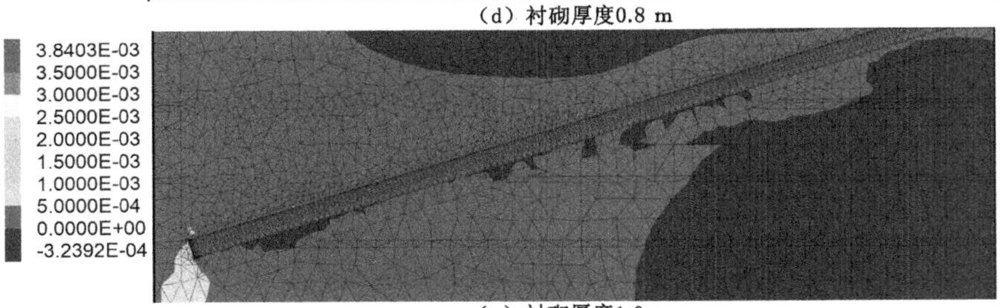

（e）衬砌厚度1.0 m

图 3-33　不同衬砌厚度下主斜井围岩水平位移云图(单位:m)

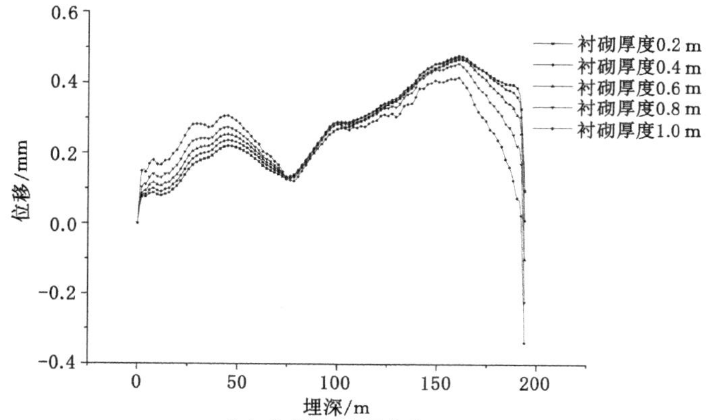

（a）A点顶板水平位移

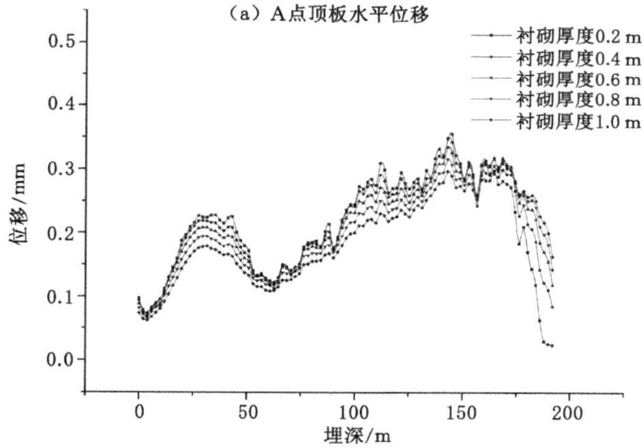

（b） B点帮部水平位移

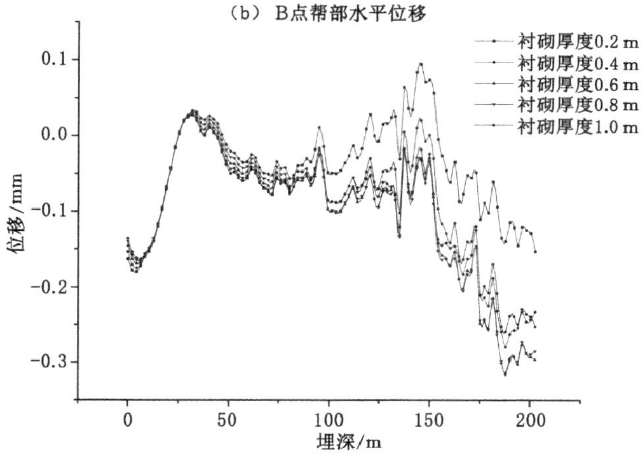

（c）C点底板水平位移

图 3-34　不同衬砌厚度下主斜井井壁水平位移分布

3.4.2.2 不同空顶距下井壁稳定性演化规律

(1) 应力演化规律

① 垂直应力分布

如图 3-35、图 3-36 所示，迎头及两帮冻结岩体形成支撑结构，后部为衬砌井壁支护，保障了空顶区在一定时间、空间内的顶板稳定。不同空顶距下，掘进迎头垂直应力分布形态差异小，掘进迎头无支护区域帮部应力集中现象明显，由于已经完成的衬砌支护对无支护区域顶板围岩存在支撑作用，使得顶板应力集中不明显。主斜井各个部位最大垂直应力均出现在 B 点帮部位置，掘进空顶距 1.8 m 时，距开挖面 1.36 m 处的帮部最大垂直应力为 3.61 MPa；掘进空顶距 3.6 m 时，距开挖面 2.43 m 处的帮部最大垂直应力为 3.59 MPa；据进空顶距 5.4 m 时，距开挖面 4.25 m 处的帮部最大垂直应力为 3.53 MPa；据进空顶距 7.2 m 时，距开挖面 3.64 m 处的帮部最大垂直应力为 3.52 MPa。随空顶距增大，空顶空帮区域帮部岩体承载能力下降，且呈现多峰值现象。空顶距 1.8 m 时，与其他空顶距相比，迎头后方井壁衬砌垂直应力较为均匀，波动幅度相对较小，且 1.8 m 内空顶区域岩体承载能力较高。而空顶距超过 3.6 m 后，顶板承载能力较差，空顶区顶板发生冒顶的风险增大。

② 水平应力分布

如图 3-37、图 3-38 所示，随着掘进施工中空顶距的增大，掘进工作面水平应力分布出现一定程度离散化特征，其中 B 点帮部水平应力离散化程度较为严重，掘进迎头出现明显应力集中现象。距离迎头较远的已经施工衬砌支护的岩体应力集中程度较低，距离衬砌支护较近的区域出现应力回升的趋势，说明井壁衬砌支护对空顶区顶板存在一定范围内的支撑作用。

主斜井各个部位最大水平应力均出现在 B 点帮部位置，应力集中程度最小的为掘进空顶距 3.6 m，此时水平应力为 1.08 MPa，但是图 3-38(b)中出现多个应力峰值，多个峰值叠加致使围岩所处应力环境复杂，对围岩稳定性不利；应力集中程度最大的为掘进空顶距 5.4 m，水平应力为 1.27 MPa；掘进空顶距 7.2 m 时围岩应力整体较高，均在 1.00 MPa 左右浮动；掘进空顶距 1.8 m 时，应力水平整体较低，衬砌支护对空顶区顶板起到了一定程度的承载作用。

(2) 塑性区分布特征

如图 3-39 所示，随着掘进施工中空顶距的增大，顶板围岩塑性区发育范围逐渐增大，且均以拉伸破坏为主。当掘进空顶距为 1.8 m 时，顶板塑性区发育范围较小；当掘进空顶距为 3.6 m 时，顶板几乎被塑性区覆盖；当掘进空顶距为 5.4 m 时，在与衬砌交界部位塑性区发育尤为明显；当空顶距为 7.2 m 时，顶板塑性区间断发育。可见，当空顶距不超过 3.6 m 时，塑性区发育范围较小，当空顶距由 3.6 m 增加到 7.2 m 时，塑性区发育范围明显增加。

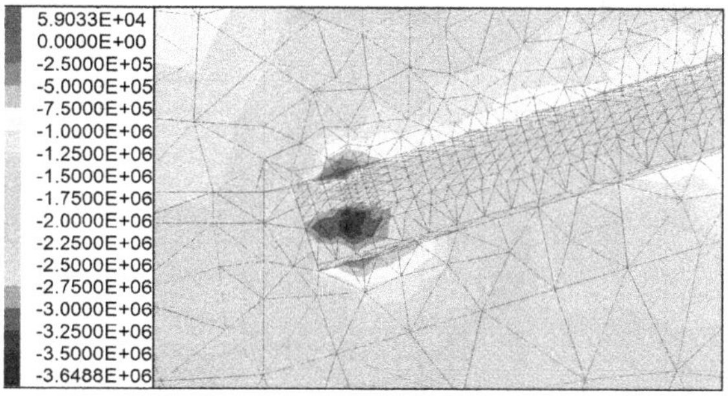

(a) 掘进空顶距1.8 m

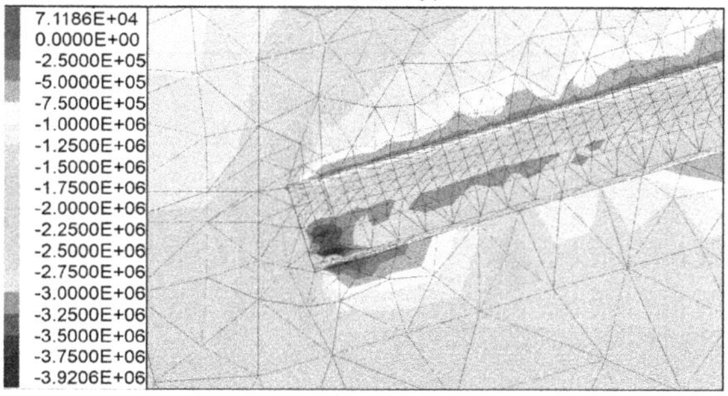

(b) 掘进空顶距3.6 m

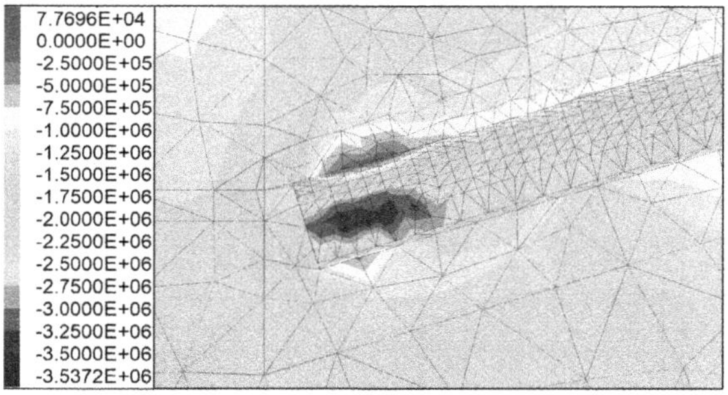

(c) 掘进空顶距5.4 m

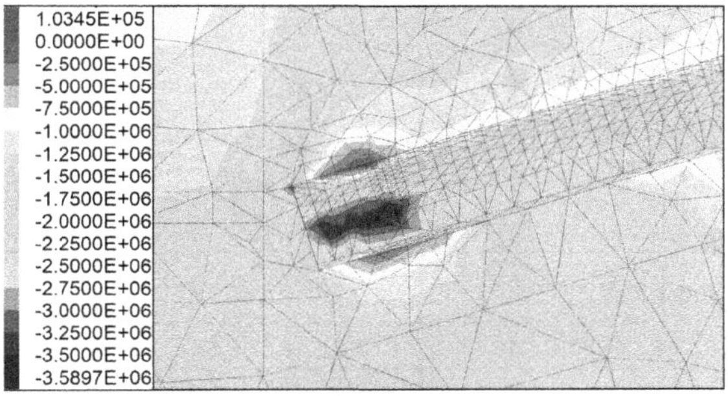

(d) 掘进空顶距7.2 m

图 3-35 不同空顶距下主斜井掘进迎头垂直应力分布云图(单位:Pa)

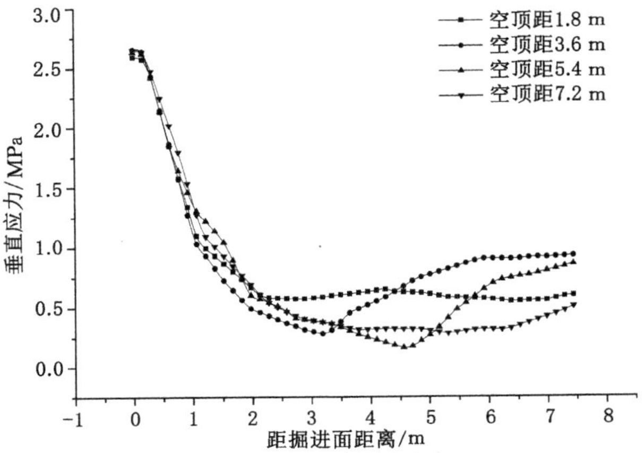

(a) A点顶板垂直应力

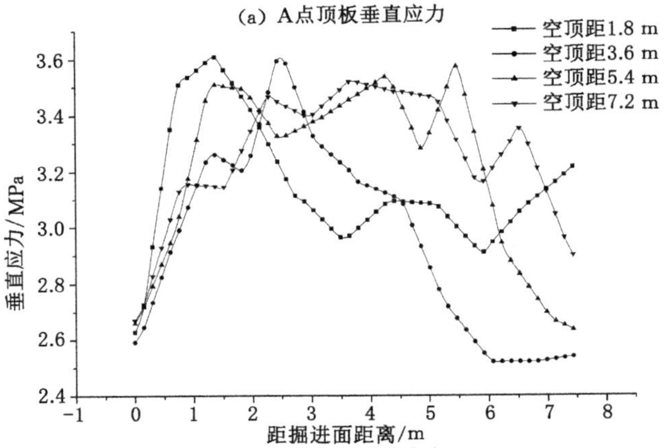

(b) B点帮部垂直应力

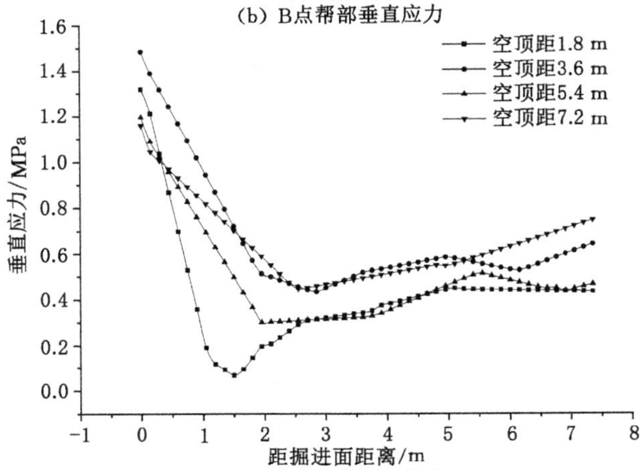

(c) C点底板垂直应力

图 3-36　不同空顶距下主斜井掘进迎头垂直应力分布

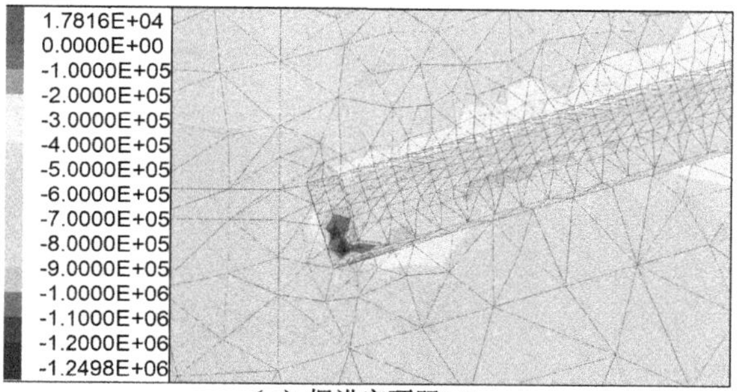

（a）掘进空顶距1.8 m

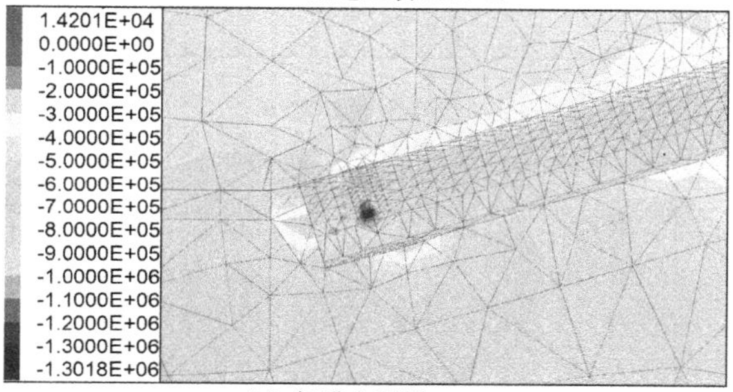

（b）掘进空顶距3.6 m

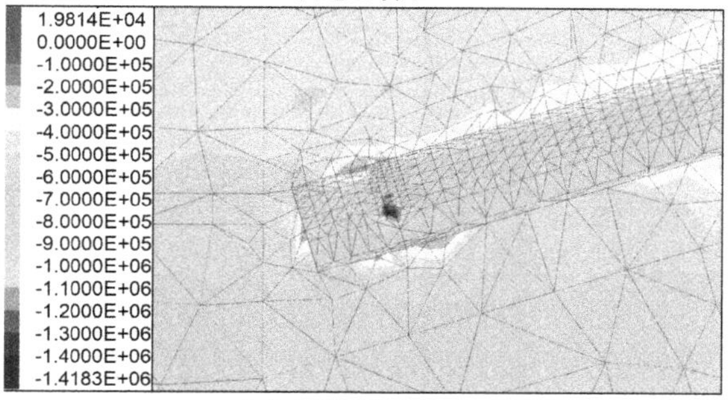

（c）掘进空顶距5.4 m

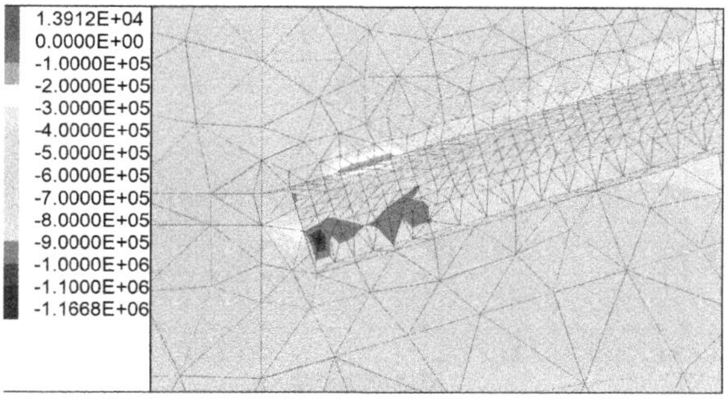

（d）掘进空顶距7.2 m

图 3-37　不同掘进空顶距下主斜井掘进迎头水平应力分布云图(单位:Pa)

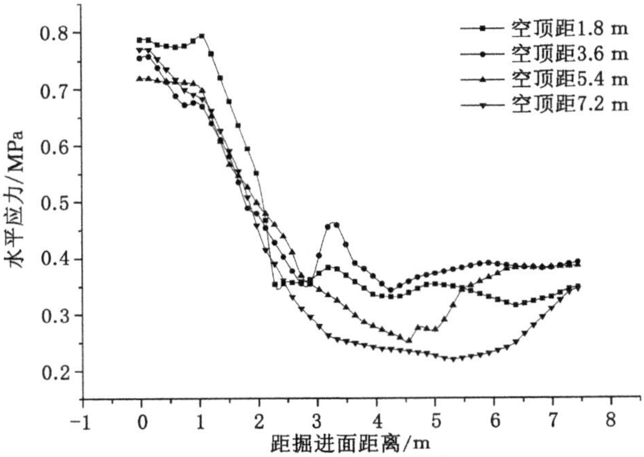

(a) A点顶板水平应力

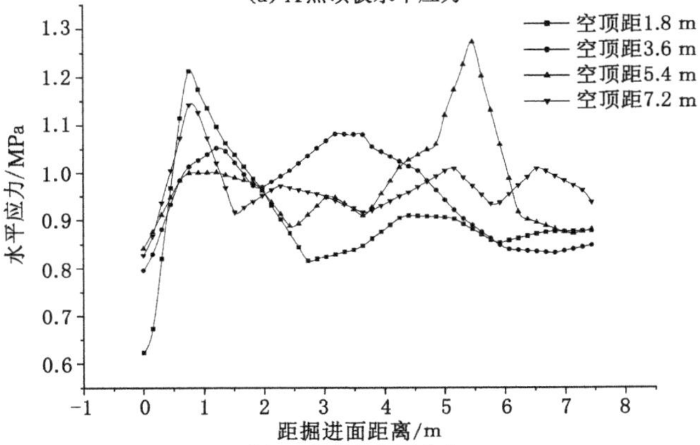

(b) B点帮部水平应力

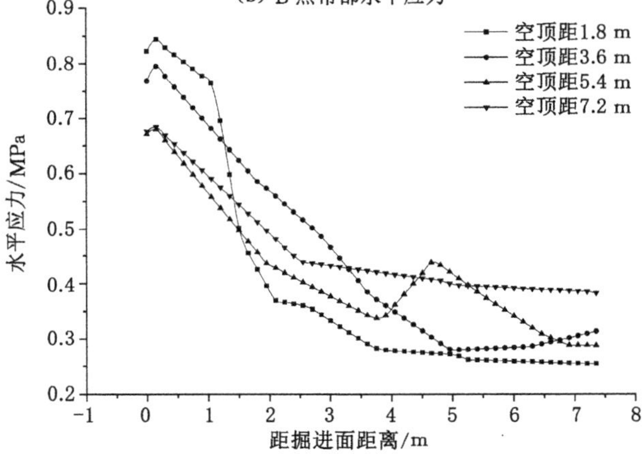

(c) C点底板水平应力

图 3-38　不同掘进空顶距下主斜井掘进迎头水平应力分布

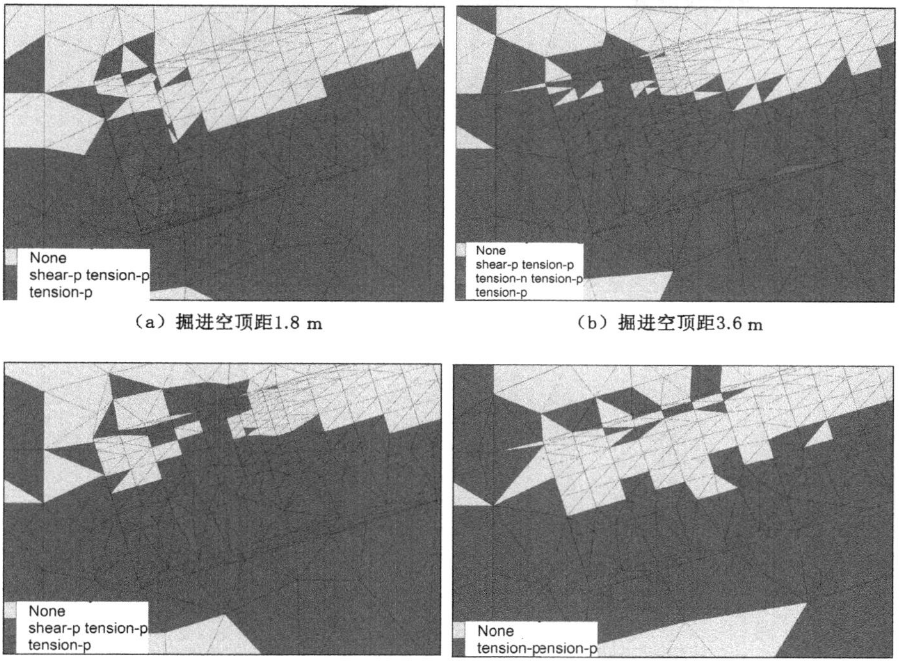

（a）掘进空顶距1.8 m　（b）掘进空顶距3.6 m

（c）掘进空顶距5.4 m　（d）掘进空顶距7.2 m

图 3-39　不同掘进空顶距下主斜井掘进迎头塑性区分布

（3）位移分布规律

① 垂直位移分布

如图 3-40、图 3-41 所示，在 1.8 m 掘进空顶距时，位移分布较为均匀，未在某个部位出现位移集中的情况。在掘进空顶距 1.8 m 时 A 点顶板位移分布较为均匀，B 点帮部与 C 点底板位移最大值均不在空顶空帮区域内。由此可知：空顶距小于 1.8 m 时，迎头及两帮冻结岩体与衬砌井壁形成重叠支撑效应（重叠支撑）。空顶距为 1.8～3.6 m 时，迎头及两帮冻结岩体与衬砌井壁形成协同支撑效应（协同支撑）。空顶距大于 3.6 m，迎头及两帮冻结岩体与衬砌井壁为独立支撑，空顶空帮部位出现位移峰值，存在空顶空帮内岩体独立支撑效应（独立支撑）。

② 水平位移分布

如图 3-42、图 3-43 所示，水平位移在底板出现较多。从 A 点顶板、B 点帮部及 C 点底板位移测线监测结果可知，在掘进空顶距 1.8 m 时 A 点顶板、B 点帮部与 C 点底板位移均较小。

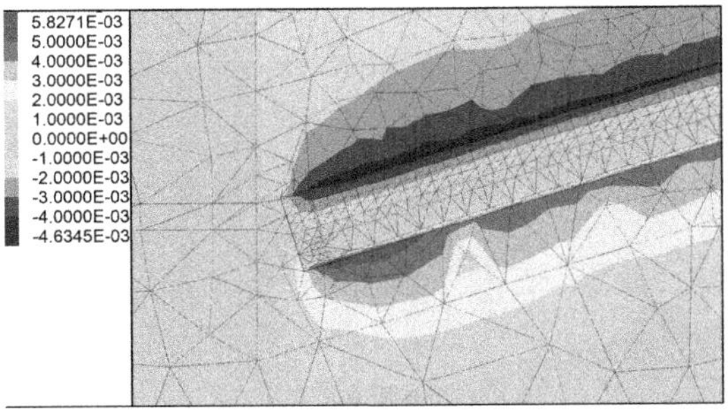

（a）掘进空顶距1.8m

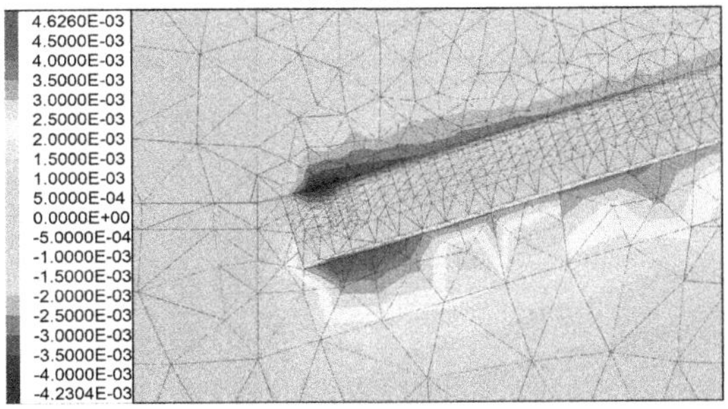

（b）掘进空顶距3.6m

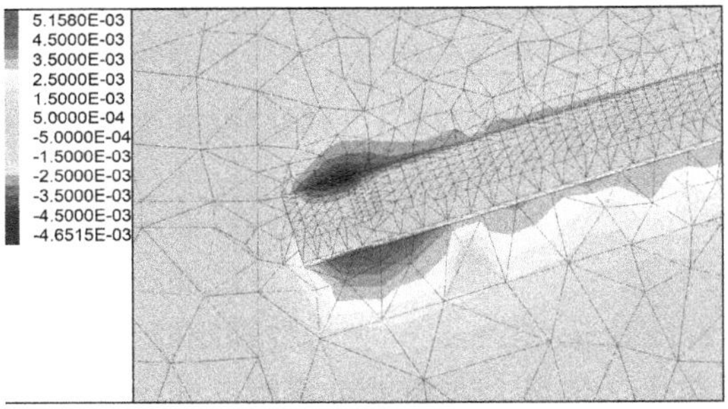

（c）掘进空顶距5.4m

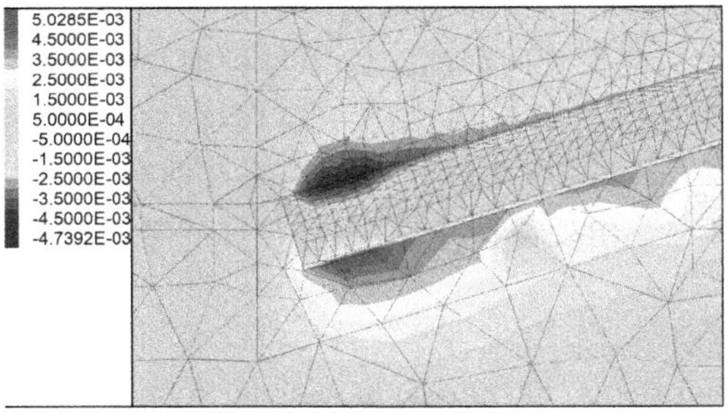

（d）掘进空顶距7.2m

图 3-40　不同掘进空顶距下主斜井掘进迎头垂直位移分布云图（单位：m）

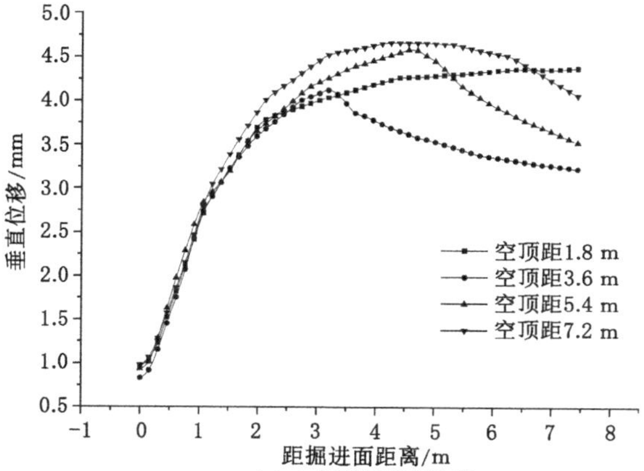

(a) A点顶板垂直位移

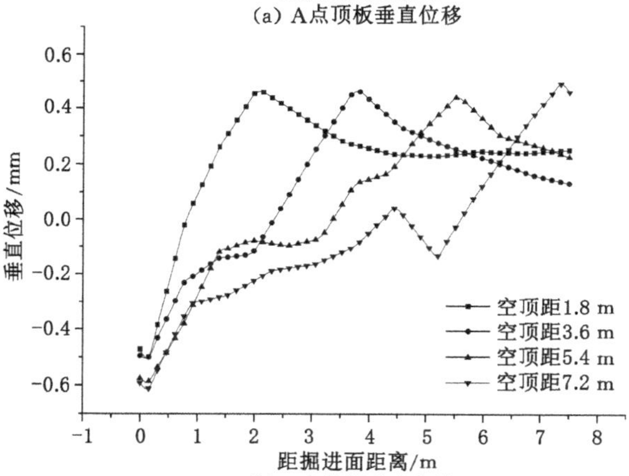

(b) B点帮部垂直位移

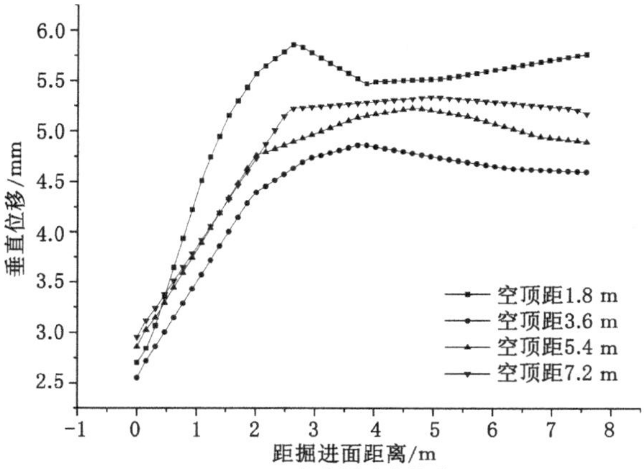

(c) C点底板垂直位移

图 3-41　不同掘进空顶距下主斜井掘进迎头垂直位移分布

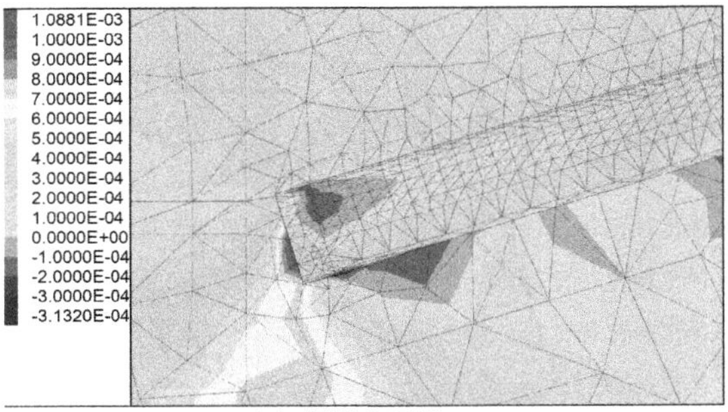

（a）掘进空顶距1.8 m

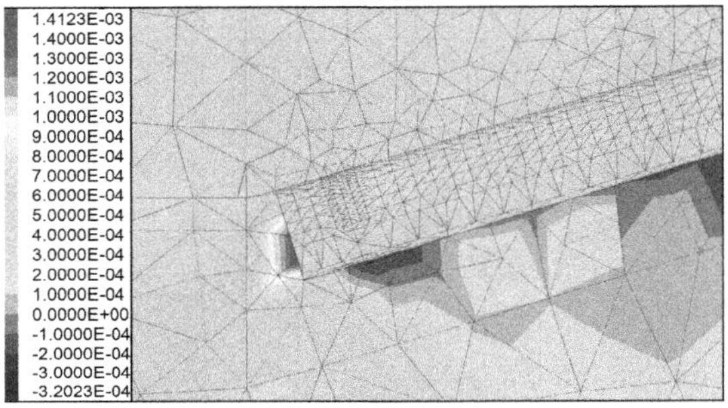

（b）掘进空顶距3.6 m

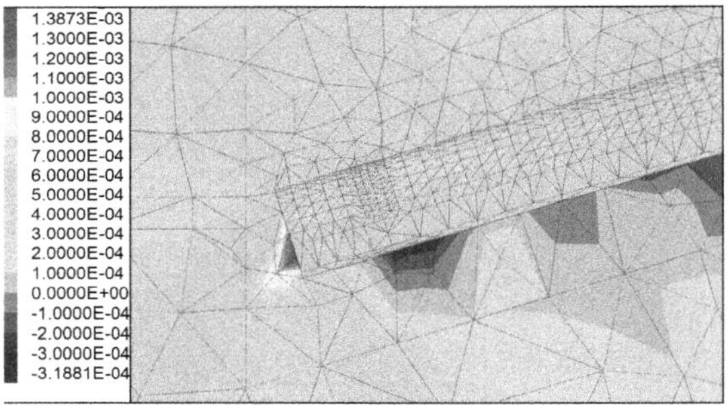

（c）掘进空顶距5.4 m

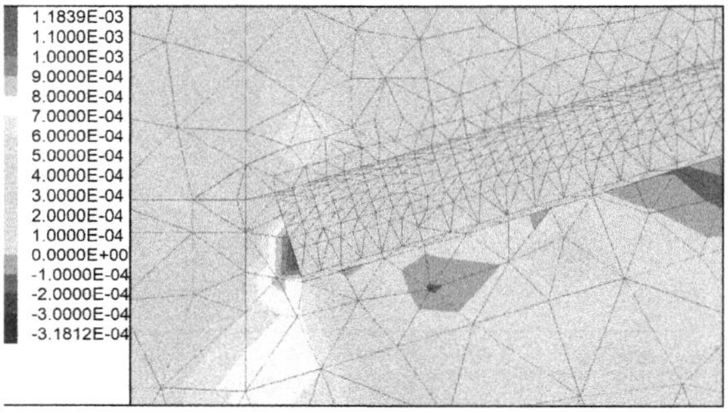

（d）掘进空顶距7.2 m

图 3-42　不同掘进空顶距下主斜井掘进迎头水平位移分布云图(单位：m)

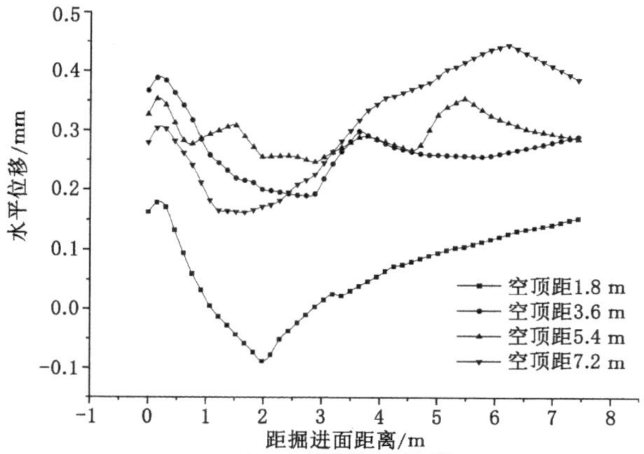

(a) A点顶板水平位移

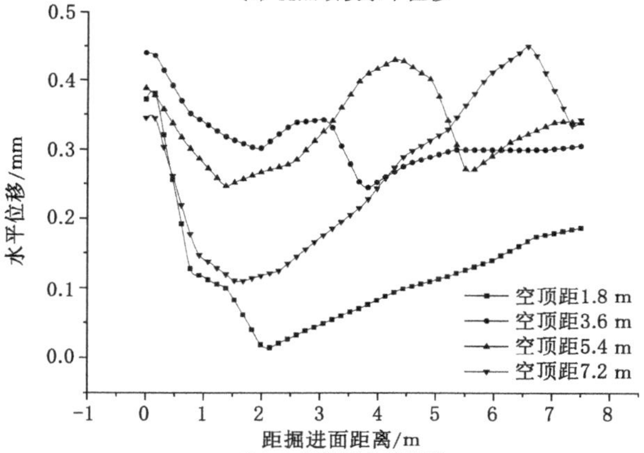

(b) B点帮部水平位移

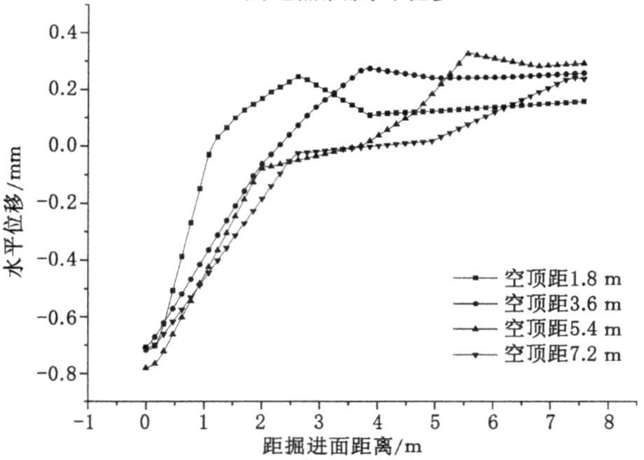

(c) C点底板水平位移

图 3-43 不同掘进空顶距下主斜井掘进迎头水平位移分布

在空顶距由 1.8 m 增加为 7.2 m 过程中，顶板围岩由迎头及两帮冻结岩体与后方衬砌井壁由重叠支撑演变为独立支撑，围岩位移量出现增加，顶板塑性区分布范围增加较为明显。因此，斜井冻结段掘进最优空顶距为 1.8 m。

3.5 本章小结

针对斜井冻结施工穿越卵石层存在冻结壁缺口交圈困难、斜井冻结壁稳定机理不明的问题。本章采用现场测试、理论分析及数值计算等方法，优化了斜井冻结投入调控工艺，提出了斜井冻结缺口弥合理论及方法，阐明了斜井冻结段井壁稳定机理，为斜井冻结穿越强透水层安全掘进提供了理论和技术保障。

(1) 明确了斜井冻结关键参数设计原则。确定了冻结施工中关键参数选取要求，包括冻结垂直深度、冻结控制层、冻结起始与终端位置、需冷量与盐水温度等。

(2) 设计了冻结壁厚度，优化了斜井冻结投入调控工艺。①顶板冻结壁厚度按简支梁两端承受最大剪力公式进行计算，两帮与底板冻结壁厚度则采用多姆克公式进行计算，并根据相关行业规范对计算结果进行修正。②采用环形冻结管技术冻结衬砌壁后空间，防止冻结壁融化造成突水风险。③根据掘进速度调控后续冻结时盐水温度和流量。根据掘进计划、第一冻结区段长度、冻结壁交圈情况等因素，调整后续冻结孔开始冻结时间，提高掘进效率。

(3) 提出了斜井冻结缺口弥合理论及方法。导致冻结壁存在缺口不交圈的原因是强透水卵石层导水性强与局部区域地下水流速较大。针对冻结壁存在缺口不交圈致因，提出了“缺口精准排查(查)”“地下水截流降速(截)”“地面注浆堵水(堵)”“强化冻结弥合(冻)”相结合的冻结壁缺口快速排查与弥合理论及方法。

(4) 揭示了不同井壁厚度和空顶距下主斜井冻结段井壁稳定性演化规律，得出最优衬砌厚度为 0.8 m。当空顶距由 1.8 m 增加到 7.2 m 时，迎头及两帮冻结岩体与后方衬砌井壁分别形成重叠支撑、协同支撑和独立支撑三种效应，最优空顶距为 1.8 m。

4 斜井冻结段控制爆破振动规律与高效掘进技术

斜井冻结段卵石层机械法作业存在掘进困难及单进水平低的难题，采用钻爆法代替机械掘进易导致冻结管受爆破振动出现损伤破坏。本章采用现场测试与理论分析等方法开展斜井冻结段控制爆破振动规律与高效掘进技术研究，明确冻结地层炮孔空腔对爆破振动传播影响规律，分析冻结管抵抗爆破振动能力并确定其振动安全阈值，验证超低温装药炸药起爆及成孔效果，优化爆破参数，形成斜井冻结段控制爆破高效掘进关键技术，为斜井冻结段控制爆破安全高效掘进提供依据。

4.1 冻结段机械法掘进现场试验效果评价

4.1.1 综掘机掘进工艺

现场采用综掘机对掘进断面上下分层切割，上分层由中部开始切割，并从左部切割至右部；拱部架设顶梁后再分层施工墙部，先切割左帮，然后切割右帮；墙部架设棚腿，进行下一循环。循环进尺 1.2 m，采用前探梁临时支护，上分层截割高度为 2.8～3.0 m；若截割中遇冻结管或大块卵石，可根据实际情况改变截割路线避开冻结管或卵石，冻结管采用氧气切割处理，大块卵石更换挖掘机破碎锤进行掘凿作业。综掘机如图 4-1 所示。

综掘机掘进工艺缺点如下：

① 在冻结卵石层中掘进效率极低。对于冻结管为钢管材质的冻结地层适用性较差，掘进至冻结管时，进行氧气焊割后方可掘进。实测每米进尺耗时 40～48 h，单进尺水平在 15～20 m/月。掘进效率低，进尺水平不能达到预期目标。

② 施工成本较高。综掘机切割块径大于 500 mm 卵石困难，截割齿消耗量巨大，频繁更换截齿成本较高；同时掘进机截割作业时振动较大，不利于设备维修保养，机器易损坏，故障率较高。截齿成本、电力成本、设备维护成本增加导致整体施工费用较高[156]。

③ 底板截割不到位。综掘机截割部下扎角度受反底拱限制，底板切割不能反底拱圆弧形态，综掘机无法发挥最大效能。矸石清理和运输不便，因而底板

图 4-1　综掘机

反底拱施工被迫采用人工风镐辅助刷掘。

4.1.2　井下挖掘机破碎锤掘进工艺

井筒设计掘进宽度 7 000 mm，高度 5 900 mm，挖掘机回转半径受井筒断面限制，选用 MWY 8/0.5 与 MWY 6/0.3 液压挖掘机掘进。井下挖掘机破碎锤先掘凿井筒中部，采用破碎锤横向掘凿，在井筒中部开槽作业；利用中部开槽的自由面，采用破碎锤由下而上分层掘凿，快速掘凿拱部；利用中部开槽自由面和拱部掘凿的空间，采用破碎锤由上而下分层掘凿，快速掘凿墙部。挖掘机施工现场如图 4-2 所示。

图 4-2　挖掘机施工现场

挖掘机与破碎锤掘进工艺缺点如下：

① 掘凿、装矸转换频繁,掘进效率较低。

② 每延米耗时 28～40 h,单进尺水平在 21～27 m/月。

(3) 效果评价

主斜井井筒掘砌工程进入卵砾石层冻结段,采用综掘机和挖掘机破碎锤方式掘进进度缓慢,单进尺水平在 15～27 m/月,掘进效率极低,进尺水平未达到预期目标。为提高掘进效率,计划采用钻爆法代替原机械法掘进。

4.2 冻结段爆破掘进现场试验方案设计

4.2.1 斜井冻结段爆破影响因素与技术难点

冻结斜井爆破施工目前国内没有成功的先例,斜井冻结段爆破影响因素与技术难点如下:

(1) 斜井冻结管与冻结主干管的影响。炸药爆破产生冲击波和地震波引起爆破振动,而振动速度与其破坏程度成正相关[157-158]。冻结法爆破施工后,冻结管围岩在动荷载作用下向冻结管移动,导致冻结管出现裂痕而发生破坏[159-160]。受斜井冻结方案的限制,井下工作面断面内布置 5 排冻结管,掘进断面内 3 排,荒径外 2 排,爆源上方即为冻结主干管。因此,控制爆破范围是影响冻结管与冻结主干管的振动损伤的技术难点之一。

冻结管和冻结主干管的爆破振动控制问题,主要从两方面入手:一是研究分析冻结管与冻结主干管的抗振能力;二是通过增加自由面,减小爆破对冻结管与冻结主干管的振动影响[161-162]。

(2) 冻结段超低温的影响。常规矿用乳化炸药在温度低于－10 ℃时爆轰效果差[163-164],且超低温下炮孔中积水结冰会挤压炸药,产生静压减敏效应可能导致炸药的拒爆[165-166]。因此,井筒冻结状态下炸药超低温拒爆问题是爆破掘进的技术难点之一。

为解决常规矿用乳化炸药在超低温环境下拒爆问题,通过调节影响低温拒爆的乳化剂配合比,采用超低温乳化炸药。对于含水炮孔,可先将炸药药卷装入底端密封的 PVC 管,然后再装入炮孔中,消除静压减敏效应以解决拒爆问题。

(3) 冻结岩层低温对钻孔成孔装药的影响。成孔(含水)放置一定时间后炮孔中的水结冰,钻孔冻结膨胀、变形、缩径或冻实,成孔难度较大,成孔质量难以保证,无法进行后续装药作业。因此,钻孔成孔装药问题的技术解决方案是爆破掘进的技术难点之一。

受超低温环境影响，孔内积水和水蒸气易冷凝结冰，影响炮孔装药。及时下放 PVC 套管可以实现理想成孔，同时为炸药保温提供帮助。

4.2.2 斜井冻结段爆破掘进现场试验方案

（1）试验目的

① 验证成孔技术的实际效果。

② 验证炸药的防冻实际效果。

③ 研究并验证空腔对于爆破振动传播的影响规律。

④ 研究并验证冻结管安全振动阈值。

⑤ 试验确定主斜井井筒爆破最大单响药量。

⑥ 确定主斜井井筒爆破方案。

（2）爆破试验方案

主斜井冻结管支管每排 5 根平行布置，间排距 6 m，冻结管相对位置如图 4-3 所示。地表冻结管主干管用间距为 5 m 的砖垛支撑，且主干管与砖垛间直接连接。主斜井掘进长度在 100 m 左右，倾角 16°，斜井拱顶距上部地表约 10 m，逐渐由砂质黏土层进入卵砾石层。

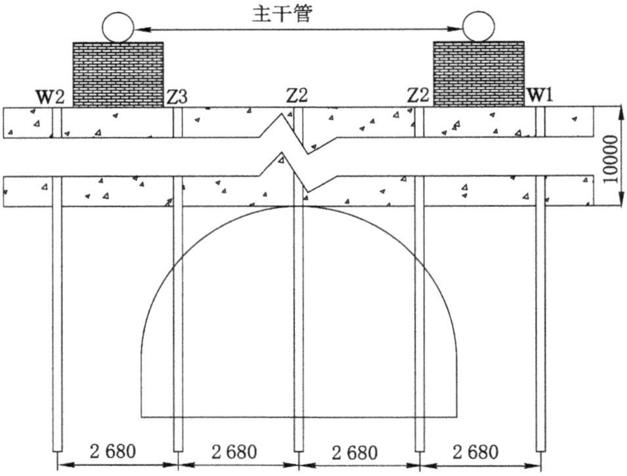

图 4-3 冻结管相对位置图（单位：mm）

① 循环进尺 1.2 m 松动爆破掘进现场试验方案：空腔减振测试→增加掏槽孔数量、空腔置换为周边空孔→掘进阶段的松动爆破。

② 循环进尺 1.8 m 松动爆破掘进现场试验方案：爆破振动测试→循环进尺 1.8 m 三次起爆爆破试验→循环进尺 1.8 m 两次起爆爆破试验。

(3) 爆破试验监测方案

① 冻结管基础设计安全阈值

冻结管安全振动阈值初始设计 10 cm/s,通过试验逐步验证并优化阈值。

② 爆破振动速度的测试

主斜井上方地表及冻结管主干管基础上布设测控三轴向振动速度传感器并连接 TC-4850 爆破测振仪。

掘进断面拱顶正上方地表布置 1# 传感器;以 1# 传感器为中心沿斜井走向前后各布置两个传感器,距离分别为 5 m、10 m,传感器编号 2～5#;距离 1# 传感器最近的冻结管主干管的砖垛基础底部布置两个传感器,传感器编号 6#、7#;距离 1# 传感器最近的冻结管主干管的砖基础顶面布置两个传感器,传感器编号 8#、9#。振动传感器布设示意图及装药结构示意图如图 4-4、图 4-5 所示。

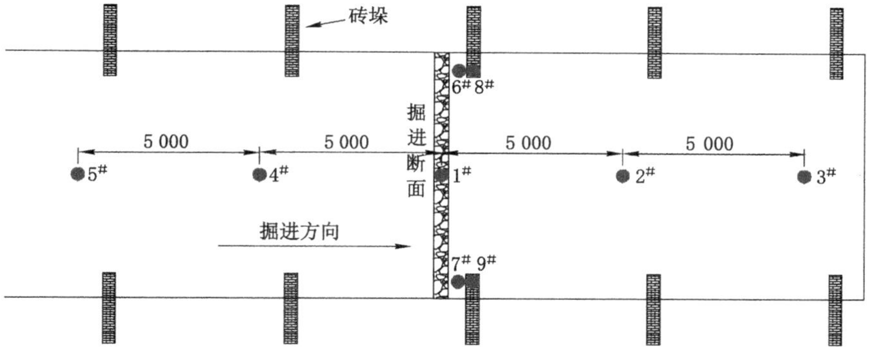

图 4-4　振动传感器布设示意图(单位:mm)

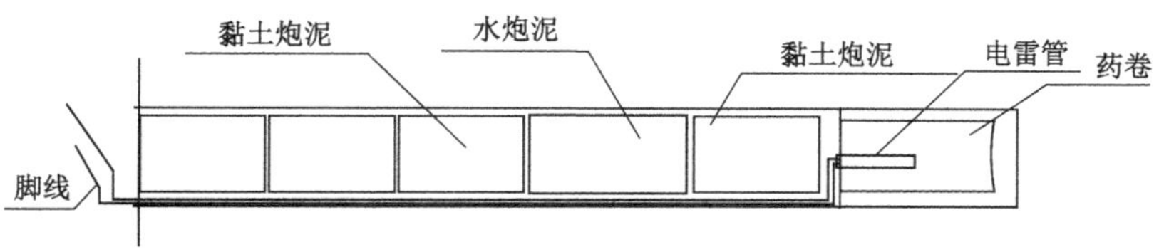

图 4-5　装药结构示意图

③ 爆破测试与验证方案:先进行小药量爆破开挖和振动测试,分步实施冻结段松动爆破,不断优化爆破参数,及时解决试验过程中的技术问题。

4.3 冻结段不同循环进尺下爆破振动试验

4.3.1 循环进尺 1.2 m 爆破振动规律试验

4.3.1.1 现场试验过程

(1) 第一阶段试验:分析空腔对爆破振动的影响规律

为减小爆破振动对于冻结管及地面冻结干管的影响,主斜井在爆破试验前上部挖掘一个高 1.8 m、深 1.6 m 的空腔,用于阻隔爆破地震波向上方地表的传播。底部中间位置布置两对掏槽孔,掏槽孔倾斜 75°,深 1.8 m,孔底距 0.3 m,每孔装药量 0.8 kg,均选用 1 段毫秒延期电雷管;两对掏槽孔中间布设空孔。第一阶段炮孔布置如图 4-6 所示。

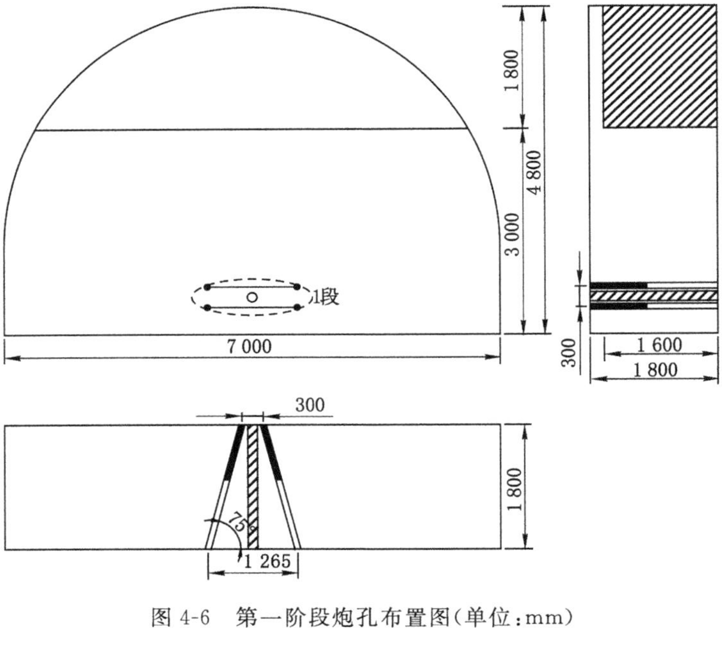

图 4-6 第一阶段炮孔布置图(单位:mm)

(2) 第二阶段:增加掏槽孔数量、空腔置换为周边空孔

为减少后期机械和人工开挖量,主斜井上部不开挖空腔,但沿拱顶轮廓线布置周边空孔,孔间距 0.3 m、深 1.6 m,布孔范围根据振动传播至地表主干管基础外缘确定,即爆破振动波应经过周边孔的吸能达到地表主管基础。

在第一阶段的基础上，将主斜井掘进断面底部掏槽孔增加为四对。同时为控制爆破振动，下面两对炮孔选取 1 段雷管、上面两对选取 2 段雷管用以分散掏槽孔起爆药量，四对掏槽孔中间布设三个空孔。在主斜井掘进断面底部掏槽孔周围增加一圈辅助孔，辅助孔每孔药量 0.6 kg，采取间隔装药并选取 3 段雷管用以起爆。底部掏槽孔装药参数与测试方案同第一阶段试验。第二阶段炮孔布置如图 4-7 所示。

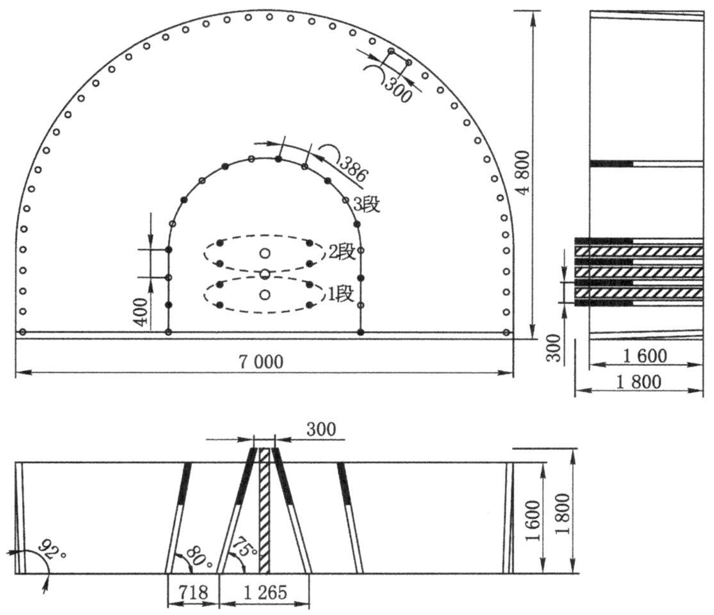

图 4-7　第二阶段炮孔布置图（单位：mm）

(3) 第三阶段：正常阶段的松动爆破开挖

采用全断面三次起爆作业，增加掏槽孔，单孔药量为 0.8 kg，靠近底板位置的两对掏槽孔选取 1 段雷管，井筒中部位置的两对掏槽孔选取 2 段雷管分散起爆药量，四对掏槽孔中间布设三个空孔；并缩短周边孔间距至 0.3 m 实现降振吸能效果，将周边孔抵抗线缩减为 0.4 m 以降低后续机械掘进工程量，但缩小第三圈辅助孔孔距至 0.3 m 并采用间隔装药，具体见表 4-1、表 4-2，第三阶段炮孔布置如图 4-8 所示。

表 4-1 循环进尺 1.2 m 振动监测数据统计表

松动爆破顺序	炮孔名称	炮孔深度/mm	单孔药量/kg	孔数	总装药量/kg	起爆顺序	单响最大装药量/kg
墙部第一次起爆	掏槽孔 1	1 700	0.8	4	3.2	1	4.8
	掏槽孔 2	1 700	0.8	4	3.2	2	
	空孔	1 700	—	3	—	—	
	墙部 1 圈	1 500	0.6	8	4.8	3	
	合计	—	—	19	11.2	—	
墙部第二次起爆	墙部 2 圈	1 500	0.6	8	4.8	1	4.8
	墙部 3 圈	1 500	0.4	7	2.8	2	
	周边孔	—	0	14	0	—	
	拱部 1 圈	1 500	0.4	3	1.2	3	
	合计	—	—	32	8.8	—	
拱部第三次起爆	2 圈松动孔	1 500	0.4	6	2.4	1	4.8
	3 圈松动孔	1 500	0.4	12	4.8	2	
	周边孔	1 500	0	29	0	—	
	合计	—	—	47	7.2	—	
总计		—	—	98	27.2	—	—

表 4-2 循环进尺 1.2 m 爆破指标

序号	项目名称	项目描述	数量	备注
1	松动爆破断面	断面面积/m^2	28.3	不含反底拱
2	炸药种类	煤矿许用乳化炸药/kg	27.2	—
3	雷管种类	毫秒延期雷管/个	55	—
4	松动深度	距离/m	1.2	—

4.3.1.2 爆破振动规律试验结果

(1) 爆破振动监测结果

为了研究并验证空腔对于爆破振动传播的影响规律，确定冻结管安全振动阈值，统计每次爆破试验时地表振动传感器的测试数据，并根据实际掘进断面位置确定各传感器爆心距。

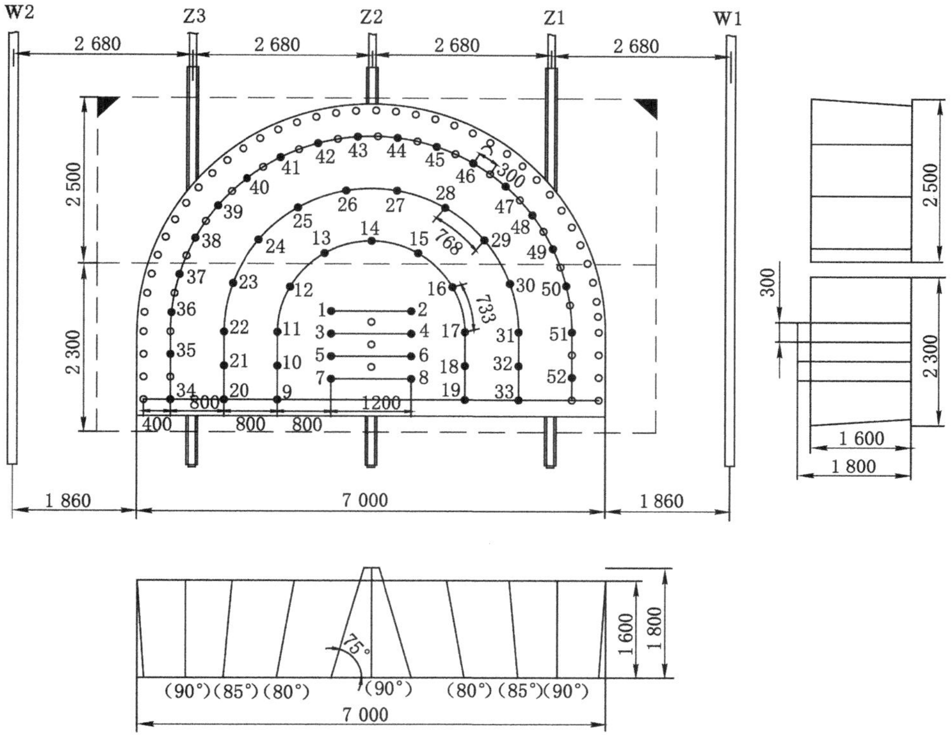

图 4-8　第三阶段炮孔布置图(单位:mm)

第一阶段爆破测试振动监测数据见表 4-3,第一阶段不同爆心距下振动峰值如图 4-9 所示。

表 4-3　第一阶段爆破测试振动监测数据表

炮孔名称	孔数	单孔药量/kg	段装药量/kg	总药量/kg	最大单段药量/kg
掏槽 1	4	0.8	3.2	3.2	3.2

测点	爆心距 R_3/m	水平切向(X)		水平径向(Y)		竖直方向(Z)		合方向(XYZ)		备注
		峰值振速 V_x/(cm/s)	时刻 /s	峰值振速 V_y/(cm/s)	时刻 /s	峰值振速 V_z/(cm/s)	时刻 /s	峰值振速 V_{xyz}/(cm/s)	时刻 /s	
1	15.8	0.043	0.012	0.034	0.930	0.130	0.004	0.130	0.005	—
2	16.6	—	—	—	—	—	—	—	—	未触发
3	18.7	1.580	0.005	2.320	0.006	4.100	0.003	5.770	0.003	—
4	16.6	—	—	—	—	—	—	—	—	未触发

表 4-3(续)

测点	爆心距 R_3/m	水平切向(X)		水平径向(Y)		竖直方向(Z)		合方向(XYZ)		备注
		峰值振速 V_x/(cm/s)	时刻/s	峰值振速 V_y/(cm/s)	时刻/s	峰值振速 V_z/(cm/s)	时刻/s	峰值振速 V_{xyz}/(cm/s)	时刻/s	
5	33.2	—	—	—	—	—	—	—	—	未触发
6	16.1	1.500	0.005	3.500	0.006	3.700	0.006	5.210	0.006	—
7	16.1	0.004	−0.097	0.980	0.005	1.030	0.006	1.170	0.006	—
8	19.0	0.330	0.006	0.180	0.003	0.300	0.007	0.390	0.007	—
9	19.0	0.600	0.052	0.950	0.013	1.050	0.016	1.230	0.016	—

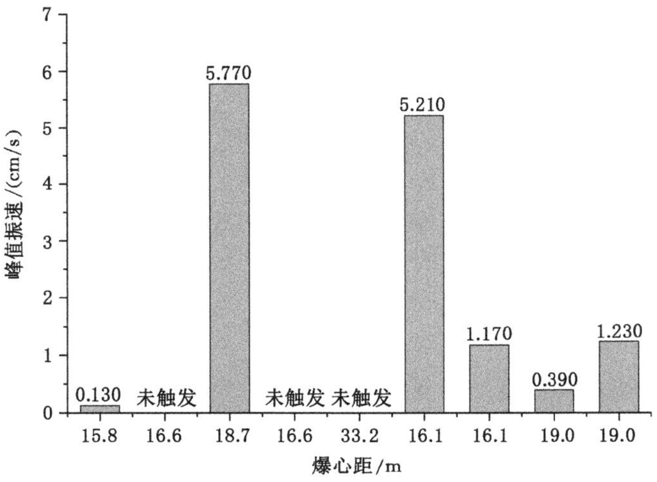

图 4-9　第一阶段不同爆心距下振动峰值

第一阶段爆破测试严格按照设计施工，监测振动峰值实测最大为 5.77 cm/s,均没有超过振动阈值设计值 10 cm/s,爆破后现场检查冻结主干管和井下冻结管无异常。试验证明:空腔能有效阻隔爆破地震波向上方地表的传播,爆破方案具有可行性。

第二阶段爆破测试振动监测数据见表 4-4,第二阶段不同爆心距下振动峰值如图 4-10 所示。

表 4-4　第二阶段爆破测试振动监测数据表

炮眼名称	孔数	单孔药量/kg	段装药量/kg	总药量/kg	最大单段药量/kg
掏槽 1	4	0.3	2.4	4.8	2.4
掏槽 2	4	0.3			
一圈辅助	8	0.3	2.4		

测点	爆心距 R_3/m	水平切向(X)		水平径向(Y)		竖直方向(Z)		合方向(XYZ)		备注
		峰值振速 V_x/(cm/s)	时刻/s	峰值振速 V_y/(cm/s)	时刻/s	峰值振速 V_z/(cm/s)	时刻/s	峰值振速 V_{xyz}/(cm/s)	时刻/s	
1	16.1	0.220	0.010	0.030	0.016	0.820	0.010	0.850	0.010	—
2	19.0	—	—	—	—	—	—	—	—	未触发
3	25.7	0.200	0.011	0.730	0.018	0.880	0.010	0.920	0.010	—
4	16.9	—	—	—	—	—	—	—	—	未触发
5	34.3	—	—	—	—	—	—	—	—	未触发
6	19.4	—	—	—	—	—	—	—	—	未触发
7	19.4	0.800	0.007	0.010	0.011	1.610	0.001	1.630	0.001	—
8	21.9	0.840	0.060	0.940	0.010	1.100	0.010	1.290	0.010	—
9	21.9	0.740	0.050	0.550	0.010	0.930	0.020	0.960	0.020	—

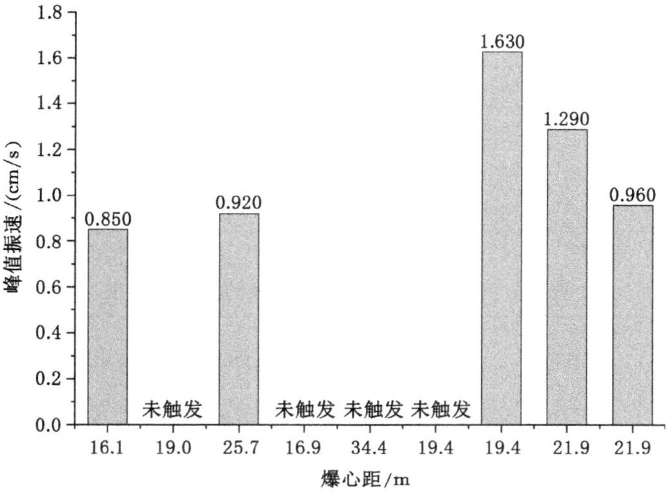

图 4-10　第二阶段不同爆心距下振动峰值

第二阶段爆破测试严格按照设计施工，监测振动峰值实测最大为1.63 cm/s，没有超过振动阈值设计值10 cm/s，爆破后现场检查冻结主干管和井下冻结管无异常，试验证明，周边空孔能有效阻隔爆破地震波向上方地表的传播。

第三阶段第一、二、三次测试振动监测数据见表4-5～表4-7，第三阶段第一、二、三次不同爆心距下振动峰值如图4-11～图4-13所示。

表4-5　第三阶段第一次测试振动监测数据表

炮孔名称	孔数	单孔药量/kg	段装药量/kg	总药量/kg	最大单段药量/kg
掏槽1	8	0.9	7.2		
辅助1	10	0.9	11.7	18.9	11.7
底孔	3	0.9			

测点	爆心距(R_3/m)	水平切向(*X*)		水平径向(*Y*)		竖直方向(*Z*)		合方向(*XYZ*)		备注
		峰值振速V_x/(cm/s)	时刻/s	峰值振速V_y/(cm/s)	时刻/s	峰值振速V_z/(cm/s)	时刻/s	峰值振速V_{xyz}/(cm/s)	时刻/s	
1	16.2	0.350	0.100	0.730	0.100	1.490	0.100	1.500	0.900	—
2	18.4	1.100	0.100	3.300	0.100	3.920	0.001	4.300	0.100	—
3	24.8	0.040	−0.030	0.990	−0.001	1.030	0.001	0.052	0.001	—
4	17.3	0.009	0.130	0.004	0.110	0.011	0.130	0.014	0.130	—
5	35.3	0.170	0.097	1.130	0.164	0.660	0.663	1.142	0.164	—
6	18.2	1.140	0.100	0.010	0.100	1.210	0.010	1.510	0.010	—
7	18.2	0.750	0.100	1.500	0.100	1.530	0.001	1.760	0.001	—
8	20.8	1.200	0.100	1.400	0.100	1.500	0.100	2.100	0.100	—
9	20.8	0.610	0.100	0.640	0.100	0.970	0.100	0.990	0.100	—

表4-6　第三阶段第二次测试振动监测数据表

炮孔名称	孔数	单孔药量/kg	段装药量/kg	总药量/kg	最大单段药量/kg
辅助3	12	0.6	7.2		
辅助2	8	0.6	8.4	15.6	8.4
底孔	4	0.9			

表 4-6(续)

测点	爆心距 R_3/m	水平切向(X)		水平径向(Y)		竖直方向(Z)		合方向(XYZ)		备注
		峰值振速 V_x/(cm/s)	时刻/s	峰值振速 V_y/(cm/s)	时刻/s	峰值振速 V_z/(cm/s)	时刻/s	峰值振速 V_{xyz}/(cm/s)	时刻/s	
1	16.2	0.320	0.010	0.990	0.010	1.440	0.010	1.450	0.010	—
2	18.4	1.520	0.100	3.180	0.010	3.270	0.010	4.010	0.010	—
3	24.8	0.005	1.480	1.100	0.020	1.100	0.010	1.260	0.020	—
4	17.3	0.080	0.130	0.040	0.013	0.110	0.130	0.014	0.130	—
5	35.3	0.240	0.111	0.780	0.098	0.620	0.114	0.790	0.079	—
6	18.2	1.120	0.020	0.070	0.100	1.650	0.010	1.680	0.010	—
7	18.2	1.020	0.020	1.650	0.010	1.160	0.006	1.850	0.010	—
8	20.8	2.100	0.030	1.300	0.050	1.520	0.100	2.230	0.030	—
9	20.8	0.720	0.050	0.400	0.010	0.580	—	—	—	—

表 4-7　第三阶段第三次测试振动监测数据表

炮孔名称	孔数	单孔药量/kg	段装药量/kg	总药量/kg	最大单段药量/kg
辅助 4	17	0.6	10.2	18.9	10.2
周边墙孔	12	0.6	8.7		
周边顶孔	5	0.3			

测点	爆心距 R_3/m	水平切向(X)		水平径向(Y)		竖直方向(Z)		合方向(XYZ)		备注
		峰值振速 V_x/(cm/s)	时刻/s	峰值振速 V_y/(cm/s)	时刻/s	峰值振速 V_z/(cm/s)	时刻/s	峰值振速 V_{xyz}/(cm/s)	时刻/s	
1	16.2	0.350	0.100	0.840	0.100	2.100	0.100	2.060	0.100	—
2	18.4	1.520	0.100	2.900	0.100	3.000	0.090	3.360	0.100	—
3	24.8	0.005	1.480	0.510	0.010	0.500	0.018	0.610	0.012	—
4	17.3	0.080	0.130	0.004	0.079	0.010	0.130	0.013	0.130	—
5	35.3	0.240	0.111	0.470	0.163	0.490	0.165	0.660	0.165	—
6	18.2	1.140	0.100	0.007	0.003	1.270	0.100	1.290	0.100	—
7	18.2	0.750	0.100	0.960	0.100	1.620	0.100	1.740	0.100	—
8	20.8	1.200	0.100	0.600	0.100	1.890	0.100	2.160	0.100	—
9	20.8	0.610	0.100	0.560	0.100	0.390	0.100	0.640	0.100	—

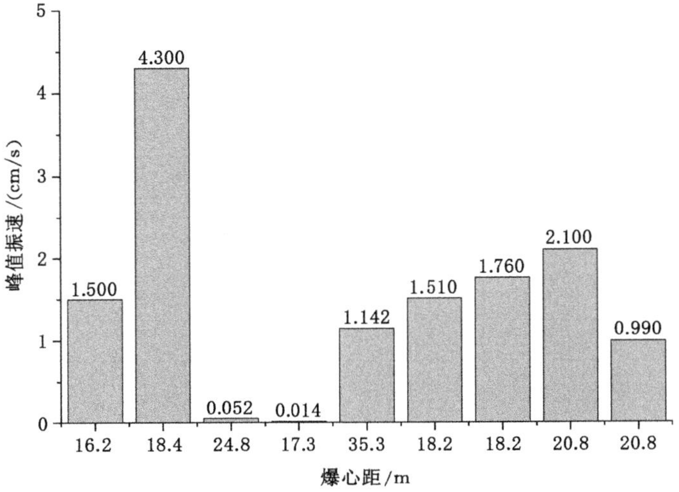

图 4-11　第三阶段第一次不同爆心距下振动峰值

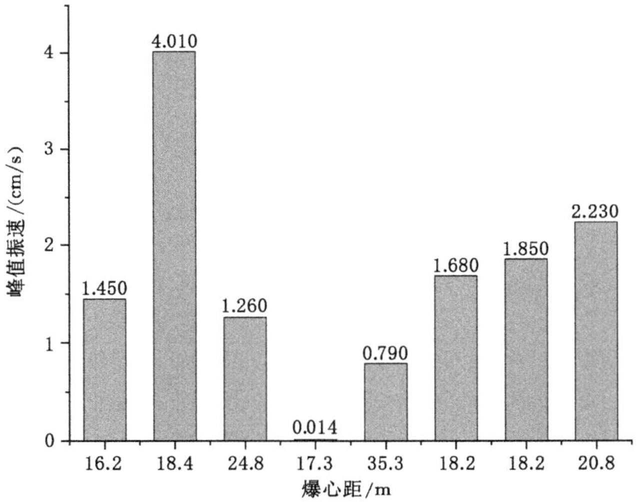

图 4-12　第三阶段第二次不同爆心距下振动峰值

（2）爆破振动监测分析

根据我国《爆破安全规程》(GB 6722—2014)要求[167]，爆破振动速度预测时应采用萨道夫斯基公式进行，基于试验数据通过回归拟合确定公式相关参数。

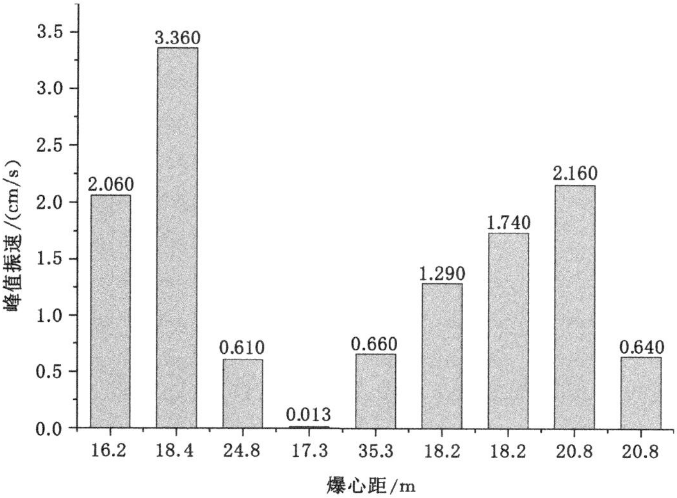

图 4-13　第三阶段第三次不同爆心距下振动峰值

萨道夫斯基公式表达式及参数。

$$V = K_2\left(\frac{\sqrt[3]{Q}}{R_3}\right)^{\alpha_1} \tag{4-1}$$

式中：V 为质点振动速度幅值，cm/s；Q 为炸药量，毫秒爆破时取最大单段药量，齐发爆破时取总装药量，kg；R_3 为爆心距，即为爆源到测点的距离，m；K_2 为地质条件相关系数；α_1 为地质条件衰减指数。

采用最小二乘法求解 K_2 和 α_1 值步骤如下[168]：

将萨道夫斯基公式等号两边取对数，使之线性化。

$$\ln V = \ln K_2 + \alpha_1 \ln(Q^{1/3}/R_3) \tag{4-2}$$

令 $y = \ln V, x = \ln(Q^{1/3/}/R_3), b = \ln K_2$，则式(4-2)可表示为：

$$y = ax + b \tag{4-3}$$

根据最小二乘法原理，待定系数 a、b 应使现场爆破实测值 $y_i = \ln V_i$ 与式(4-3)拟合值 $\widehat{y_i} = ax_i + b$ 的偏差最小。因此问题转化为求解使残差平方和取得最小值的 a、b 值。

$$Q_c^2 = \sum_{i=1}^{n}(y_i - ax_i - b)^2 \tag{4-4}$$

式中：n 为爆破试验次数。

根据二元函数的极值定理，Q_c^2 取最小值的必要条件为

$$\frac{\partial Q_c^2}{\partial a}=0,\text{且}\frac{\partial Q_c^2}{\partial b}=0 \tag{4-5}$$

即

$$\sum_{i=1}^{n}(y_i-ax_i-b)x_i=0,\text{且}\sum_{i=1}^{n}(y_i-ax_i-b)=0 \tag{4-6}$$

整理得

$$(\sum_{i=1}^{n}x_i^2)a+(\sum_{i=1}^{n}x_i)b=\sum_{i=1}^{n}x_iy_i,\text{且}(\sum_{i=1}^{n}x_i)a+nb=\sum_{i=1}^{n}y_i \tag{4-7}$$

解方程组可求得直线参数 a 和 b 的最佳估计值 $\hat{a}$ 和 $\hat{b}$。

$$\begin{cases}\hat{a}=\dfrac{\sum\limits_{i=1}^{n}(x_i-\overline{x})(y_i-\overline{y})}{\sum\limits_{i=1}^{n}(x_i-\overline{x})^2}\\ \hat{b}=\dfrac{1}{n}\sum\limits_{i=1}^{n}y_i-\dfrac{\hat{b}}{n}\sum\limits_{i=1}^{n}x_i=\overline{y}-\hat{a}\overline{x}\end{cases} \tag{4-8}$$

由变量关系可得 $K_2=\mathrm{e}^{\hat{b}}$，$\alpha_1=\hat{a}$，计算解得：$K_2=50\sim350$；$\alpha_1=1.3\sim2.0$。

综上分析，爆破振动规律如下：

① 振动速度与 K_2 值线性相关，与地质条件密切相关，同时与垂直布置的冻结管关联较大。空腔与空炮孔 K_2 值在 40～80 之间；冻结岩层 K_2 值在 100～200 之间，冻结管附近 K_2 值在 300 以上，最高值可达 600 以上。表明爆源振动速度幅度与介质密切相关，空腔有利于减小井下爆破对地面振动的速度幅度，采用多排辅助空孔、密排炮孔间距的措施有利于减震。

② 炸药量的影响主要与单响炸药量关系密切。同量的炸药量，尽可能采用分次起爆或多段雷管减震。

③ 爆心距越大，振动速度幅度越小。经爆破振动规律现场试验，地面冻结主干管振动速度幅度不宜大于 6 cm/s，南侧主管振动速度幅度不宜大于 5 cm/s。钻孔内积水和水蒸气受低温环境影响易冷凝结冰，扫孔后及时下放 PVC 套管可以实现理想成孔，同时为炸药提供保温帮助。施工每米进尺从原 32 h 缩短至 24 h 左右，施工月单进尺水平达到 36 m。

4.3.2 循环进尺 1.8 m 爆破振动规律试验

爆心距越大，振动速度幅度越小。为加快进度，施工 1.8 m 循环进尺时，分析不同爆心距对爆破振动的影响规律，确定地面冻结干管的安全振动阈值与起爆方式。

4.3.2.1 循环进尺 1.8 m 三次起爆爆破试验

(1) 爆破参数(表 4-8)

表 4-8 循环进尺 1.8 m 三次起爆爆破参数

松动爆破顺序	孔号	炮孔名称	炮孔深度/mm	空孔孔数	装药孔数	单孔装药量/kg	总装药量/kg	雷管段号
掏槽一次起爆	1～8	掏槽 1	2 100	3	8	0.9	7.2	Ⅰ
	9～14	掏槽 2	2 100	—	6	0.9	5.4	Ⅱ
	22～28	辅助 1	1 800	—	7	0.6	4.2	Ⅲ
	15～21	底孔	1 800	—	7	0.9	6.3	Ⅳ
	—	小计	—	3	28	—	23.1	—
墙部二次起爆	29～38	辅助 2	1 800	—	10	0.6	6.0	—
	39～48	辅助 3	1 800	—	10	0.6	6.0	Ⅰ
	49～58	辅助 4	1 800	—	10	0.6	6.0	Ⅱ
	59～70	周边孔	1 800	—	12	0.6	7.2	Ⅲ
	71～80	底孔	1 800	—	10	0.9	9.0	Ⅲ
		小计	—	—	52	—	34.2	—
拱部三次起爆	81～85	辅助 2	1 800	—	5	0.6	3.0	Ⅰ
	86～94	辅助 3	1 800	—	9	0.6	5.4	Ⅱ
	95～107	辅助 4	1 800	—	13	0.6	7.8	Ⅲ
	108～130	周边孔	1 800	—	23	0.6	13.8	Ⅳ
	—	小计	—	0	50	—	30.0	—
合计			—	3	130	—	87.3	—

(2) 炮孔布置

炮孔布置如图 4-14 所示。

(3) 试验结果与分析

试验结果见表 4-9。

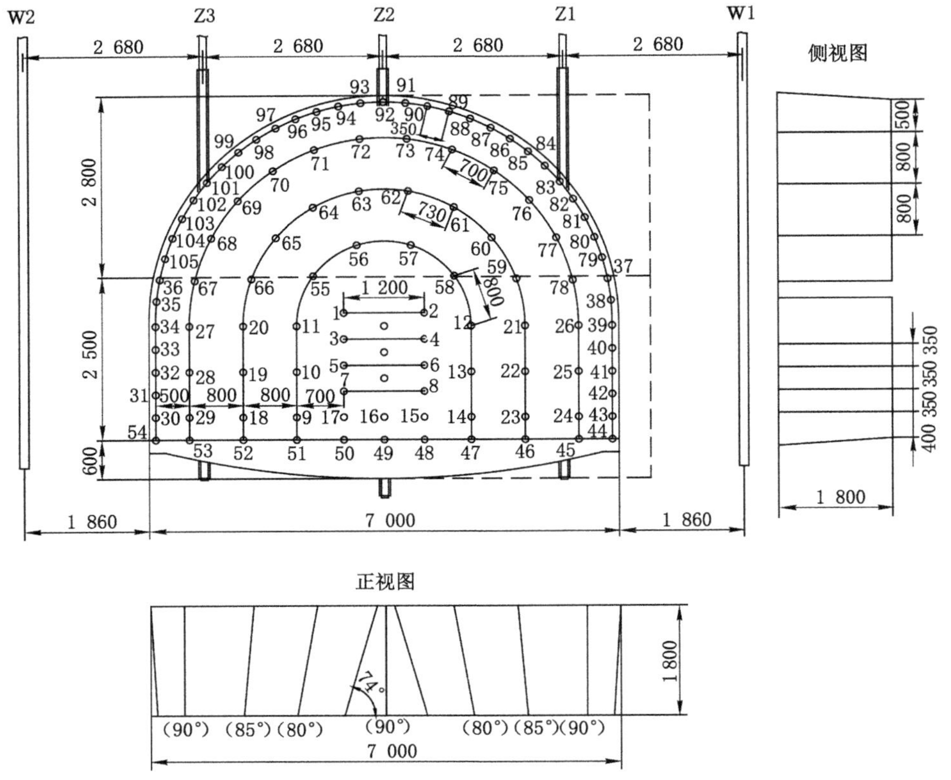

图 4-14　循环进尺 1.8 m 三次起爆炮孔布置图(单位:mm)

表 4-9　循环进尺 1.8 m 振动监测数据统计表

时间	里程/m	起爆次数	总装药量/kg	最大单响装药量/kg	监测最大值/(cm/s)	进尺/m	备注
2019-11-06	113.6	3	54.6	10.8	3.81	1.2	13 号砖垛北基地表
2019-11-07	114.8	3	60.0	9.6	6.07	1.2	13 号砖垛南干管
2019-11-08	116.0	3	72.0	9.6	6.47	1.8	地表震源正上方
2019-11-09	117.8	3	72.0	9.0	6.00	1.8	13 号砖垛南干管
2019-11-10	119.6	3	72.0	9.0	5.25	1.8	
2019-11-11	120.8	3	86.4	12.0	4.86	1.2	
2019-11-12	122.2	3	86.4	12.0	4.36	1.4	地表震源正上方

表 4-9(续)

时间	里程/m	起爆次数	总装药量/kg	最大单响装药量/kg	监测最大值/(cm/s)	进尺/m	备注
2019-11-13	124.0	3	86.4	12.0	4.51	1.8	13 号砖垛南干管
2019-11-14	125.8	3	86.4	12.0	3.65	1.8	
2019-11-25—2020-01-18	127.6～180.0	3	86.4～90.0	12.0～15.0	3.65～5.17	1.8	

表 4-9 结果表明，埋深小于 20 m 时，可采用分次爆破，拱部留设空腔，单响装药量不超过 12 kg。埋深 20～30 m 时，由于冻结管布置限制，拱部不适合全断面装药，应选择隔孔装药，单响装药量不宜超过 15 kg。埋深大于 35 m 时，采用全断面装药，增大单响装药量至 20 kg。

4.3.2.2 循环进尺 1.8 m 两次起爆爆破试验

(1) 爆破参数表(表 4-10)

表 4-10 循环进尺 1.8 m 两次起爆爆破参数表

松动爆破顺序	孔号	炮孔名称	炮孔深度/mm	空孔孔数	装药孔数	单孔装药量/kg	总装药量/kg	雷管段号
墙部一次起爆	1～8	掏槽 1	2 100	3	8	0.9	7.2	Ⅰ
	9～14	掏槽 2	2 100	0	6	0.9	5.4	Ⅱ
	15～21	辅助 1	1 800	0	7	0.6	4.2	Ⅱ
	22～31	辅助 2	1 800	0	10	0.6	6.0	Ⅲ
	32～41	辅助 3	1 800	0	10	0.6	6.0	Ⅲ
	42～51	辅助 4	1 800	0	10	0.6	6.0	Ⅳ
	52～63	周边孔	1 800	0	12	0.6	7.2	Ⅳ
	64～80	底孔	1 800	0	17	0.9	15.3	Ⅴ
	—	小计	—	3	80	—	57.3	—
拱部二次起爆	81～85	辅助 2	1 800	0	5	0.6	3.0	Ⅰ
	86～94	辅助 3	1 800	0	9	0.6	5.4	Ⅱ
	95～107	辅助 4	1 800	0	13	0.6	7.8	Ⅲ
	108～130	周边孔	1 800	0	23	0.6	13.8	Ⅳ
	—	小计	—	0	50	—	30.0	—
合计			—	3	130	—	87.3	—

(2) 炮孔布置图

与循环进尺 1.8 m 三次起爆炮孔布置相同,爆破后现场效果如图 4-15 所示,循环进尺 1.8 m 两次起爆爆破效果见表 4-11。

图 4-15 爆破后现场效果

表 4-11 循环进尺 1.8 m 两次起爆爆破效果表

序号	爆破指标	单位	数量
1	炮孔利用率	%	100
2	每循环进尺	m	1.8
3	每循环爆破实体岩石量	m^3	74.2
4	每循环炸药消耗量	kg	111.3
5	单位原岩炸药消耗量	kg/m^3	1.5
6	每循环雷管消耗量	个	170
7	每米雷管消耗量	个/m	85
8	每循环炮孔长度	m	311

(3) 松动爆破掘进优化总结

采用该方案进行正常掘进爆破,随着掘进施工不断的优化,取得了冻结斜井中深孔松动爆破的成功。

针对井筒过砂卵石层,采用综掘机或风镐配合破碎锤机械施工工艺进度慢、劳动强度大问题,通过多次试验,成功在冻结斜井掘进施工引入控制爆破工艺,攻克了低温盐水干管近距离爆破及超低温装药起爆难题,由循环进尺 1.2 m

用时 45 h 左右缩短到循环进尺 1.8 m 用时 22 h，施工效率实现跨越式提升，综合月进尺由 15～27 m 提升至 54 m 左右。单月最大进尺 63.4 m，创造了斜井(16°)冻结法施工月度掘进进尺之最的“大世界基尼斯记录”。

4.4　斜井冻结段控制爆破高效掘进关键技术

(1) 工作面超低温环境下成孔及装药技术

① 工作面超低温成孔及装药技术：经现场试验，钻孔容易被孔内积水和水蒸气冷凝结冰，扫孔后采用及时下放 PVC 套管可以实现理想成孔，同时为炸药保温提供保障，如图 4-16～图 4-18 所示。

图 4-16　工作面超低温环境

② 工作面抗低温乳化炸药：通过调节影响低温拒爆的乳化剂配合比，采用抗低温乳化炸药解决井筒冻结状态下超低温的拒爆难题。

(2) 冻结管爆破振动控制技术

① 冻结管爆破振动的核心因素为单响炸药量。通过分阶段多次爆破可降低对冻结管的振动损伤。

② 空腔是阻止隔断振动波的有效手段。通过人造空腔或辅助孔隔孔装药及周边空孔降低爆破对冻结管的振动损伤。

现场通过分阶段试验，不断优化爆破参数，逐步减少起爆次数，由循环进尺 1.2 m 松动爆破过渡至循环进尺 1.8 m 松动爆破掘进，最后采取全断面三次或两次起爆，并通过控制单响炸药量减少爆破振动影响，最终形成密排孔、多段号、隔孔装药爆破技术以减弱爆破振动对冻结管的振动损伤。

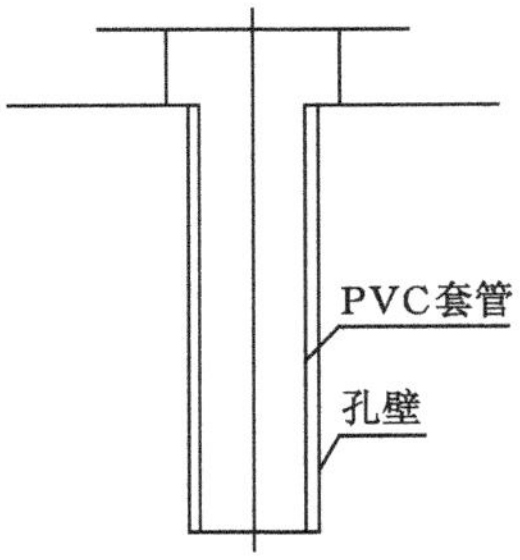

图 4-17　工作面超低温成孔及装药示意图

图 4-18　超低温环境 PVC 套管装药

4.5　本章小结

本章开展了斜井冻结段控制爆破振动规律与高效掘进技术试验研究，揭示了斜井冻结段爆破振动规律，确定了冻结管抵抗爆破振动安全阈值，形成了斜井冻结段控制爆破高效掘进关键技术，显著提高了斜井冻结段掘进效率。

（1）揭示了斜井冻结段爆破振动规律，阐明了斜井冻结段空腔对爆破振动的影响机理。① 冻结管爆破振动最大的影响因素为单响炸药量，对于同量的炸药量，应采用分次起爆或多段雷管减振。② 爆源振动速度幅度与介质密切相关，空腔有利于减小井下爆破对地面振动速度幅度的影响。采取人造空腔、辅助孔隔孔装药及周边空孔降低爆破振动影响范围。③ 增大爆心距可有效减小爆破振动速度幅度。埋深小于 20 m 时，拱部留设空腔，单响装药量不超过

12 kg；当埋深 20～35 m 时，拱部隔孔装药，单响装药量不超过 15 kg；当埋深大于 35 m 以上，采用全断面装药，且增大单响装药量至 20 kg。

(2) 分析了冻结管抵抗爆破振动的能力，确定了其振动安全阈值。地面主干管振动速度幅度不宜大于 6 cm/s，主冻结管振动速度幅度不宜大于 5 cm/s。

(3) 形成了斜井冻结段控制爆破高效掘进关键技术。① 提出了斜井冻结工作面超低温环境下成孔和装药技术，完善了低温环境下的钻孔装药工艺，扫孔后及时下放 PVC 套管可以实现理想成孔，同时可以为炸药保温。② 优化了以减振为目标的爆破参数，提出了冻结管爆破振动控制技术，形成了密排孔、多段号及隔孔装药的冻结段控制爆破高效掘进关键技术。

(4) 采用控制爆破技术显著提高了斜井冻结段掘进效率。斜井穿越卵石层冻结段月平均单进尺由 15 m(综掘机掘进)提升至 54 m(钻爆法掘进)，掘进效率提升了 2.6 倍。单月最大进尺 63.4 m，创造了斜井(16°)冻结法施工月度掘进进尺之最的“大世界基尼斯记录”。

5 斜井冻结长距离全闭环井壁快速衬砌原理与技术

采用控制爆破法掘进后及时施工钢筋混凝土衬砌能够有效保障施工安全与成井质量。针对传统模板台车井壁施工工序繁杂、单循环用时长、施工质量差、劳动强度大等问题，本章对斜井冻结长距离全闭环机械化快速成井装备进行研发与应用：一是研发段长 8 m 的斜井外壁栈桥式长距离全闭环整体液压模板台车和段长 6 m 的内壁液压自移式反底拱模板台车与液压模板台车端头封堵装置，解决了内外壁间止水钢带难以安装和固定难题；二是研发内外壁台车间 10 m 连接栈桥，实现运输与浇筑平行作业；三是优化斜井输料系统及输送工艺，提升输料效率。

5.1 栈桥式长距离全闭环整体液压模板台车研发

目前国内衬砌支模工艺有两种：一是采用槽钢作碹股、土建钢模板或木工板作碹板、钢管作支撑固定；二是采用普通模板台车，底板与拱墙分段浇筑，模板台车行走及固定机械式控制。由于斜井冻结段需要满足套壁施工技术要求与保障套壁期间斜井内正常行车、行人的要求，确定采用栈桥式全闭环整体液压模板台车进行斜井冻结段套壁施工。

5.1.1 栈桥式长距离全闭环整体液压模板台车结构设计与原理

袁大滩煤矿使用液压模板台车对斜井部分巷段进行浇筑修复，模板台车配备特制顶底板模板完成大面积混凝土浇筑作业，实现了巷道掘进、排矸与浇筑平行作业[169]。孟村煤矿对模板台车常规模板浇筑工艺进行创新，将支模、浇筑与拆模作业一体化快速完成，显著提升施工效率并减小劳动强度，为煤矿衬砌混凝土施工提供了实践依据[170]。万福煤矿副井采用全深冻结法建造了世界最深冻结井筒，专家研究分析了锚网索喷、注浆、反底拱及衬砌支护工序时间占比，认为混凝土衬砌是决定支护难度与返修时间的最重要工序，并针对现场实践提出深部巷道模板台车衬砌施工技术[171]。

复合衬砌是冻结井表土层普遍采用的井壁支护形式。冻结斜井长距离施工主要解决掘进与复合衬砌平行作业问题。由于斜井掘砌进入卵石层冻结段，采用钻爆法掘进，爆破作业及配套工艺需要长距离的作业空间。此时采用挖机装矸工艺可实现掘进、钢棚支护与出矸平行作业，且同时实现与井壁砌筑交替作业。

(1) 栈桥式长距离全闭环整体液压模板台车结构设计

通过对栈桥式长距离全闭环整体液压模板台车研发与技术措施的应用，解决了冻结斜井长距离复合衬砌机械化配套施工过程中掘、支、运、砌等工序环节的技术难题。如图 5-1、图 5-2 所示，栈桥式长距离全闭环整体液压模板台车是斜井井筒混凝土浇筑一次成型机械[172]，根据斜井断面尺寸、衬砌类型等情况设计尺寸，其门架净高和净宽满足人员、车辆正常通行，整机行走采用电机与链条驱动，模板采用全液压驱动，利用油缸实现支模与脱模。

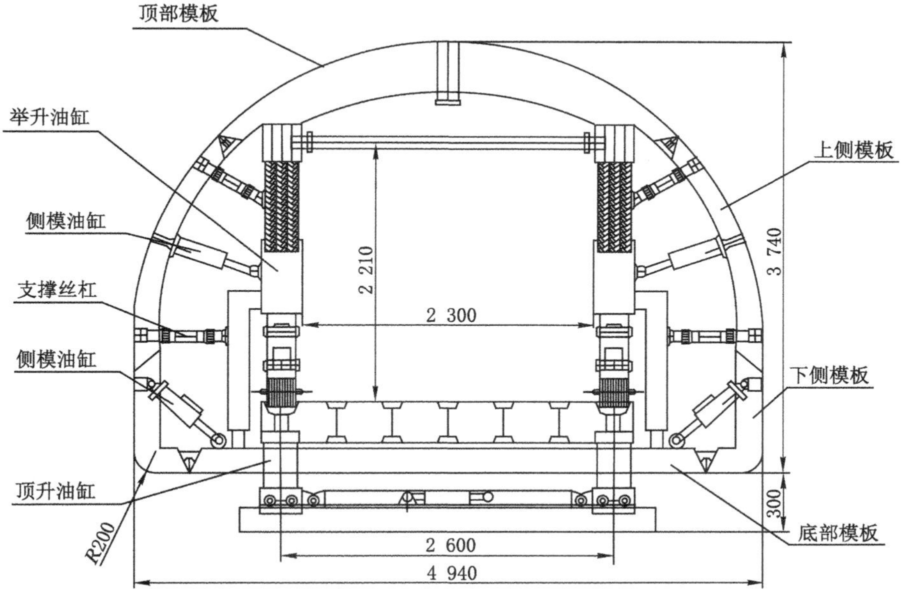

图 5-1 栈桥式长距离全闭环整体液压模板台车断面图(单位:mm)

斜井施工栈桥式长距离全闭环整体液压模板台车由模板总成、行走总成、门架总成、工作梯总成和电液控总成五大部分组成。

如图 5-3 所示，模板台车结构横断面通过六块模板构成，台车纵向长度由三组模板通过法兰连接，顶底部与上下侧模板分别采用铰接耳板连接，并在顶底模板安装操作窗口，顶模板预留与输送泵连接的浇筑窗口，台车间隔安装混凝土振动器以便混凝土振捣，模板台车主要技术参数见表 5-1，现场图如图 5-4 所示。

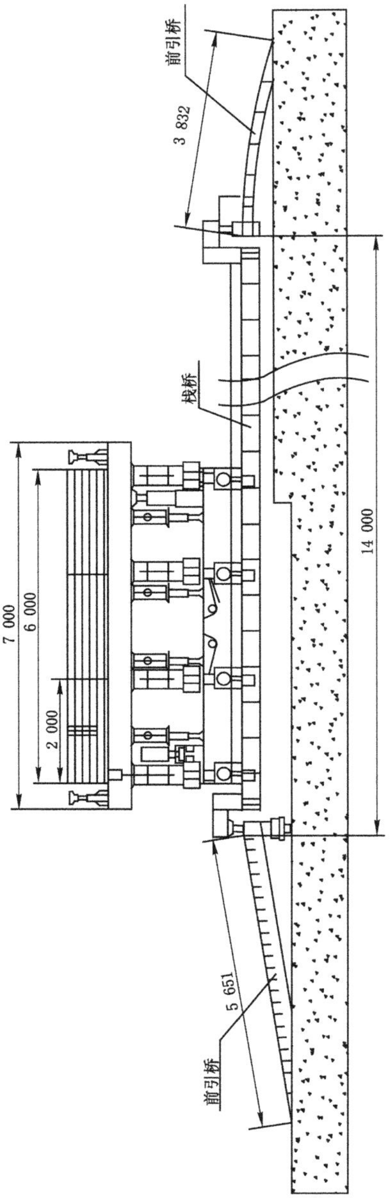

图5-2　栈桥式长距离全闭环整体液压模板台车侧视图（单位：mm）

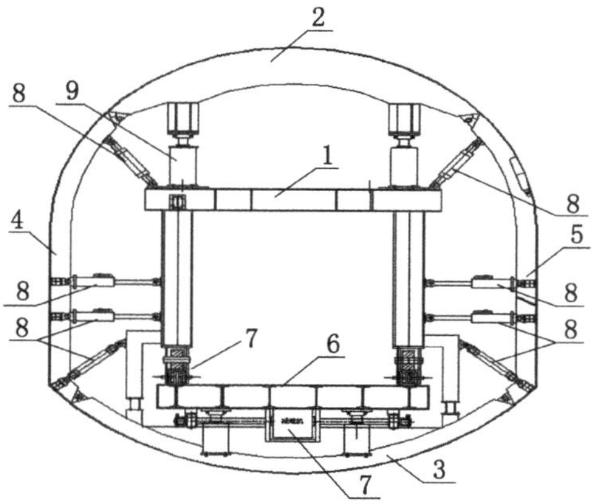

1—门架；2—上模板；3—底模板；4—左侧模板；5—右侧模板；
6—栈桥；7—行走机构；8—收模油缸；9—主升油缸。

图 5-3 栈桥式长距离全闭环整体液压模板台车结构

表 5-1 模板台车主要技术参数 单位：mm

技术参数	数值
模板纵向长度(一次浇筑段长)	6 000
栈桥长度	14 000
模板半径	2 470
模板腰线宽	4 940
台车中心高度	3 740
轮对中心距	2 600
前引桥	5 651
后引桥	3 853

图 5-4 栈桥式全闭环整体液压模板台车

① 门架(图 5-5、图 5-6):门架是台车核心承重构件,由立柱、横梁和纵梁等结构组成,结构间使用螺栓或点焊方式连接,台车两端门架间距为 1.85 m,中间门架间距为 2 m,两端横梁采用双腹板形式提升承载能力,并且横梁安设两组平移系统,实现设备横向与纵向移动。

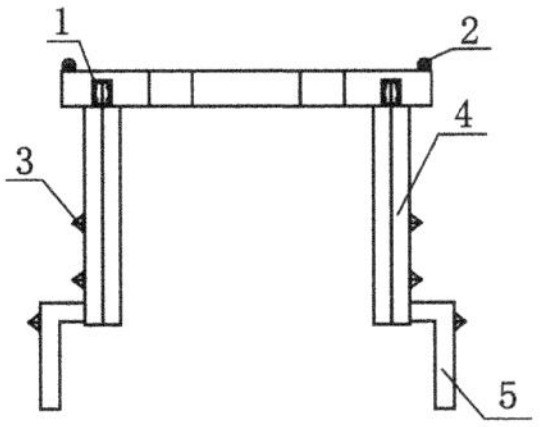

1—上纵梁;2—油缸耳板Ⅰ;3—油缸耳板Ⅱ;4—门架边立柱;5—油缸固定梁。

图 5-5　门架结构断面图

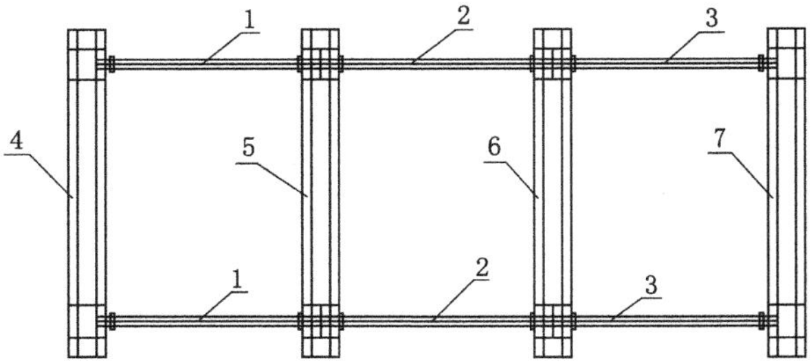

1—上纵梁Ⅰ;2—上纵梁Ⅱ;3—上纵梁Ⅲ;4—上横梁Ⅰ;5—上横梁Ⅱ;6—上横梁Ⅲ;7—上横梁Ⅳ。

图 5-6　门架结构俯视图

② 行走机构(图 5-7、图 5-8):行走机构包括行走轮支架、定位滑轮、移动滑轮、行走轨道与电动减速等装置,行走轨道安设在栈桥上,每个行走轮架安设一组移动滑轮和两个通过轴铰接的定位滑轮,移动滑轮运行于行走轨道的顶端,两个定位滑轮则分别处于轨道两侧的 U 型槽中,电动减速器安设于栈桥中下部,实现电机减速装置的旋转,驱动模板台车沿轨道行走。

③ 工作梯:工作梯包括爬梯与工作平台,提供安全平台,保障施工安全。

④ 液压系统与电液系统:电控操纵系统与液控系统采用箱形设计,控制面板与油箱设置为一体式结构。

(2) 栈桥式长距离全闭环整体液压模板台车工作原理

栈桥式长距离全闭环整体液压模板台车浇筑时,井筒顶板、侧帮与底板一

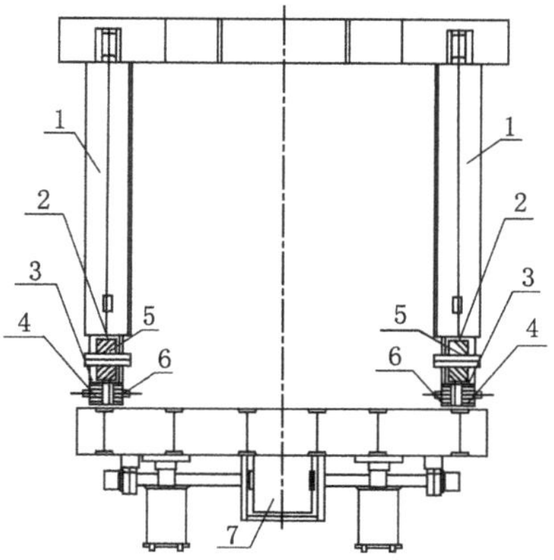

1—门架立柱;2—行走轮支架;3—固定槽轮;4—耳轴式固定槽轮;
5—行走槽轮;6—行走轨;7—立柱铰耳座。

图 5-7 行走机构断面图

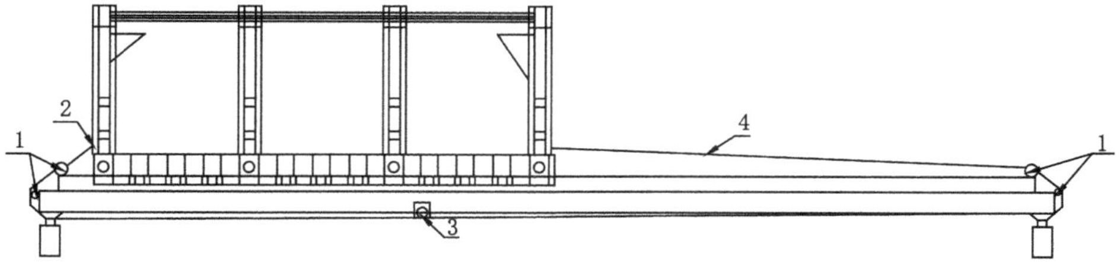

1—导向轮;2—链条固定装置;3—主链轮;4—链条。

图 5-8 行走机构俯视图

次性浇筑成型。立模、拆模由液压系统操纵完成,对正调校由底座竖向油缸和调平油缸执行。台车工作模式为自行式,电机减速机构利用链条传动使模板和栈桥完成相对运动,台车便可向前移动。

① 模板工作原理:模板系统由拱顶与侧拱模板组成,通过安装液压油缸完成立模与拆模工作,模板的相应位置上配有支撑螺杆,油缸推动模板至指定位置,旋紧螺丝杠防止模板或车体框架因变形而影响浇筑精度。在脱模过程中,依序卸除左右侧下模、左右侧上模和顶模,通过支腿处竖向液压缸推升提升台车高度,实现底模与混凝土的分离。

② 行走机构原理:栈桥上的两条链条围绕电机轮转并固定于栈桥两侧。栈桥与模板相对运动推进台车,脱模作业前,行走机构底座下液压油缸收缩升起

底座，启动电机台车移动至指定位置底座降落，并利用液压缸进行支撑以完成脱膜工作。脱膜完成后，电机再次启动以反向转动转轮推进台车前移。

③ 定位原理：竖向油缸与横移油缸通过滑枕进行方向调节。

④ 纵向、横向稳定原理：台车纵向稳定依靠底部的竖向油缸和顶端的抗浮千斤顶，横向稳定通过两组可调节的伸缩千斤顶，台车位置调整完毕后，通过旋紧千斤顶紧固栈桥，确保台车在横向上的稳定。

5.1.2 栈桥式长距离全闭环整体液压模板台车衬砌试验

冻结段外壁衬砌采用 8 m 段长的栈桥式长距离全闭环整体液压模板台车，台车自带主桥作为行人行车栈桥，共设置三个液压站，1# 四联阀台车行走液压站连接四个行走油缸，主控水平推进；2# 十二联阀模板液压站连接顶模板四个油缸、侧模板四个油缸和底角模板四个油缸，主控模板收缩与撑紧；3# 六联阀举升液压站连接四个举升油缸和两个平移调整油缸，主控主桥举升油缸与模板整体平移。

（1）台车移动

8 m 段工字钢棚反底拱底梁架设完成后，行走时首先启动十二联阀撑模液压站，收缩台车的顶模、侧模和底角模油缸，并拆除相应的丝杠；启动六联阀举升液压站，回收台车前后四个站腿油缸；启动四联阀行走液压站，通过行走油缸使主桥前移；重新升出主桥底部举升油缸将四个站腿落底固定，将模板台车整体抬起，通过行走油缸将模板整体前移，依次分次部分前移直至循环段长 8 m 位置，然后固定主桥进行模板定位。台车液压油缸收放自如，便于操作，使得模板定位更精确且受力均匀不易变形，提高了模板稳定性，保证了施工质量。

台车移动时尾部必须留绳，可采用井壁帮部预埋的 ϕ15.5 mm 钢丝绳辅助留绳或采用内壁稳车留绳。

（2）校模

① 主桥定位：通过操作六联阀液压站，调整台车行走油缸调节主桥与后部内壁底板的位置；调整台车横梁平移油缸并调节栈桥中线，使主桥中心与井筒中线对齐；调整操作液压系统主桥底部举升油缸，使台车升至标准砌壁高度，微调站腿，旋紧丝杠，复核主桥高度尺寸。

② 模板定位：通过安装在台车前端的液压站连接高压胶管和液压油缸以实现顶板模板的升降和左右侧模伸缩，通过液压系统左右移动和上下升降装置来进行快速定位。

模板调整由安装在台车车架上的油缸来完成，达到支模与脱模的目的。通过操纵行走油缸，保证模板上部与上一模外壁压茬达到 200 mm；依次调整模板顶模撑紧油缸、侧模撑紧油缸及底角模撑紧油缸，使台车顶模、侧模、底角模油缸活塞杆伸出并达到标准砌壁断面，人工调整支撑丝杠千斤顶，达到侧向油缸支撑位置时旋紧丝杠。

(3) 衬砌浇筑

浇筑前对台车外表面喷洒隔离剂或涂油并翻转端头板，为保证施工质量，浇筑顺序按照由下向上、先底后墙、最后拱顶施工。浇筑时先浇筑底板，从下向上浇筑，填满一个工作窗口关闭一个工作窗口。底板浇筑完成后，开始浇筑两墙，最后拱部。为保证模板受力均匀，混凝土浇筑应对称浇筑，每层厚度不超过 300 mm，并注意观察模板是否出现漏浆与跑模现象。浇筑混凝土应连续进行，间隔时间不得超过混凝土初凝时间。

振捣工作由模板上安装的风动平板振动器和插入式振动棒完成，为避免衬砌厚度不均同时采用人工振动棒辅助作业。附着式振动器应采用短时间、多次数的左右对称振动方法，以防止台车因微移位或弹性变形而受影响；插入式振动棒采用快速插入、缓慢拔出、插点均匀排列方法，振捣棒插入下层混凝土 50～100 mm 处，直到混凝土表面出现浆体且无气泡为止。

浇筑作业采用商品混凝土浇筑，地面设溜槽从商品混凝土罐车接料，然后从地面通过下灰管下料，井下设接灰盘，溜灰至混凝土输送泵浇筑作业。井下采用商品混凝土输送泵输送并配套 ϕ108 mm 混凝土输送管，尾端接软管入模。在浇筑过程中将混凝土输送泵的压力设置在 8～10 MPa。当浇筑至正顶时，混凝土输送泵压力至 14 MPa 时停止浇筑，避免出现滑模变形。

(4) 振捣与拱顶合拢

通过外壁衬砌台车上的平板振动器进行振捣，反底拱布置两排、墙部布置两排、拱顶布置一排，每排设置 4 个振动器，总计 20 个。

平板式振动器作业时，应使振波有效地振实混凝土，振实出浆，每次振动时间 40～60 s，当混凝土在模内泛浆流动或成水平状即可停振，不得在混凝土初凝状态时再振。拱部合拢浇筑时，提前预埋 ϕ1.2 in(3.048 cm)钢管，作为排气孔，排气孔一端连通至顶板，当排气孔溢出混凝土后停止浇筑(可判定模板内混凝土充填满)，及时将排气孔封闭。

(5) 脱模

脱模作业在混凝土浇筑并凝固 24 h 后开始执行，脱模作业与定位作业相反。

(6) 养护

在衬砌拆除模板后，对混凝土进行为期 14～28 d 的养护工作，拆模前清洗模板,拆除后及时降温处理。

(7) 施工设备与材料(表 5-2)

① 混凝土运输:套壁施工采用商品混凝土,由 JC4E 防爆混凝土搅拌运输车运送至井下混凝土输送泵处。

② 混凝土入模:混凝土输送泵与模板台车帮部位置距离 7～10 m,混凝土通过钢管、胶与模板台车的浇筑口输送。

③ 振捣:采用 1.5 kW 电动附着式混凝土振动器对混凝土进行振捣,底板和墙部采用插入式振动棒辅助振捣。

表 5-2 施工设备与材料表

序号	设备、材料名称	型号	单位	数量	备注
1	栈桥式全闭环整体液压模板台车	—	台	1	—
2	防爆混凝土搅拌运输车	JC4E	台	4	—
3	混凝土输送泵	HBMD15/6-22S	台	2	—
4	附着式混凝土振动器	1.5 kW	台	10	焊接在模板内侧
5	插入式振动棒	6 m	根	4	—
6	耐磨无缝钢管	ϕ125 mm	根	10	输送混凝土
7	高压橡胶软管	ϕ125 mm	根	5	输送混凝土
8	胶合板	—	m^2	2	堵头封堵
9	方木	—	m^2	1	固定

栈桥式长距离全闭环液压模板台车砌壁实现了主斜井全断面一次性浇筑,相比较传统组合模板和分体式模板台车,减少了井壁纵向接茬缝,增强了防水性能;省去了分次组装、分次浇筑工序,提高了施工效率;浇筑速度快,模板接缝少,提高了混凝土表面观感质量。

5.1.3 液压模板台车端头封堵装置研发

针对传统木工板支模及封堵模板端头工序烦琐且加固不牢容易跑浆问题,本书设计了一种整体组合钢模板、端头采用带钢筋限位孔的双层组合钢模板进行端头封堵的装置[173],如图 5-9 所示。栈桥式长距离全闭环整体液压模板台车＋液压自移式内壁反底拱台车＋连接栈桥＋液压模板台车端头封堵装置衬砌工艺的研发与应用,有效提高了机械化水平及成井效率。

图 5-9　模板台车端头封堵装置

(1) 结构组成

液压模板台车端头封堵装置包括台车面板和模板台车大梁。在台车面板的端面与对应模板台车大梁均设若干铰座，端头模板设置铰座，铰座之间通过丝杠铰接，每个铰座对应一块端头模板，所有端头模板和在一起构成完整的液压模板台车端头封堵。端头封堵装置结构图及端头模板侧视图、断面图如图 5-10～图 5-12 所示。

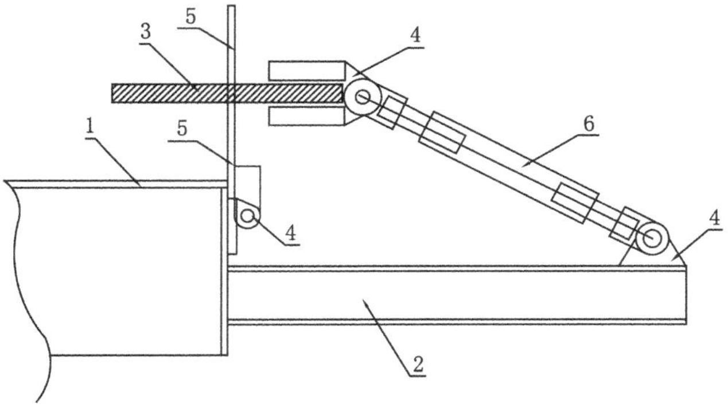

1—台车面板；2—模板台车大梁；3—止水带；4—铰座；5—封堵板；6—丝杠。

图 5-10　端头封堵装置结构图

液压模板台车端头封堵设计关键在于通过加固方法将模板附件与台车端头连接，利用卡扣将左右封堵板的止水钢板卡紧形成整体封堵板，将顶杆螺杆与台车的主梁连接并顶紧封堵板，从而实现端头的有效封堵。

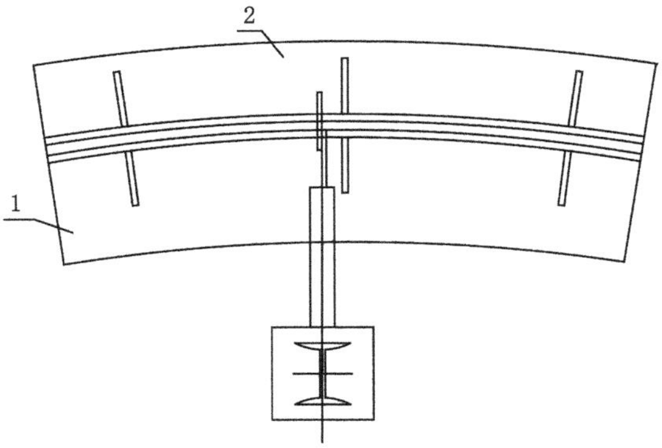

1—右侧封堵板；2—左侧封堵板。

图 5-11　端头模板侧视图

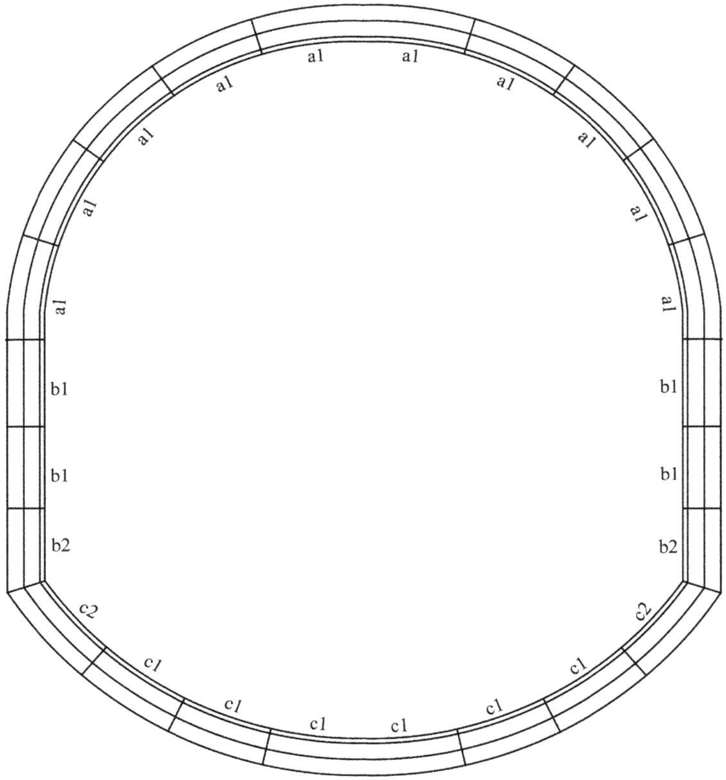

图 5-12　模板台车端头模板断面图

（2）使用方法

右侧封堵板通过连接轴与模板连接件连接，利用卡扣将左右封堵板的止水钢板卡紧形成整体封堵板，将顶杆丝杠和模板台车大梁连接，顶紧封堵板，达到模板台车端头封堵效果。在混凝土浇筑完成凝固后，只要将丝杠拧松，就能迅速地拆除模板端头，达到快速脱模的效果。

5.1.3.1 井壁接茬防水设计试验

井壁施工时，每段内壁环向、纵向接茬处设置外贴式止水带，防止外界的压力水渗入。

（1）外贴式橡胶止水带

在井筒施工时，每段接茬处敷设外贴式橡胶止水带，止水带规格为 350 mm×8 mm，承压能力不小于 1 MPa。绑扎钢筋前在预接茬缝位置敷设止水带，在浇筑井壁时，预留一半止水带在外面，在下次浇筑混凝土时将预留部分一并浇筑，起到阻止外面的压力水渗入的作用，如图 5-13 所示，技术参数见表 5-3。

图 5-13 外贴式橡胶止水带

表 5-3 外贴式橡胶止水带技术参数

序号	项目	单位	性能要求
1	规格	mm	350×8
2	硬度	邵氏 A	60±5
3	拉伸强度	MPa	≥10
4	断裂伸长率	%	≥380
5	撕裂强度	kN/m	≥30
6	脆性温度	℃	≤−45
7	尺寸公差	mm	厚度极限偏差+1.3 mm，宽度极限偏差±3%

外贴式橡胶止水带施工中注意事项如下：

① 使用专门的夹具在止水带的边缘区域进行固定。

② 接头采用冷黏合技术，避免在底板位置设接头，应选择底板上方的直墙部位进行接茬。

③ 安装止水带并进行混凝土浇筑时，要注意定位技术和控制浇筑力度，防止止水带损坏。

④ 在施工时要确保止水带固定稳妥，避免混凝土浇筑造成位移，确保止水带在混凝土结构中的准确位置。

(2) 接茬缝、壁间注浆

① 注浆目的

通过注浆对井筒接茬缝、内外壁间隙进行充填，堵塞漏水通道，提高井壁结构整体性和止水性能。

② 注浆时机、材料选择及注浆顺序

注浆时机：井壁结构养护达到设计强度后开始注浆。

注浆管：采用可复用注浆管，如图 5-14 所示，主要技术参数见表 5-4。

图 5-14　可复用注浆管示意图

表 5-4　可复用注浆管主要技术参数

序号	项目	单位	性能要求
1	注浆管外径	mm	18±1
2	注浆管内径	mm	≥8±1
3	抗压变形量	mm	≤2
4	覆盖材料扯断永久变形	%	≤10
5	出浆孔间距	mm	≤20
6	出浆孔直径	mm	3～5
7	骨架低温弯曲性能	—	−10 ℃，无脆裂

预埋注浆管位置：在每个浇筑段长接茬处壁厚 1/2 位置预埋接茬环形注浆管；在每个浇筑段长中部预埋壁间注浆环形注浆管，拱部及底板各预埋 1 根环

形注浆管，如图 5-15 所示。

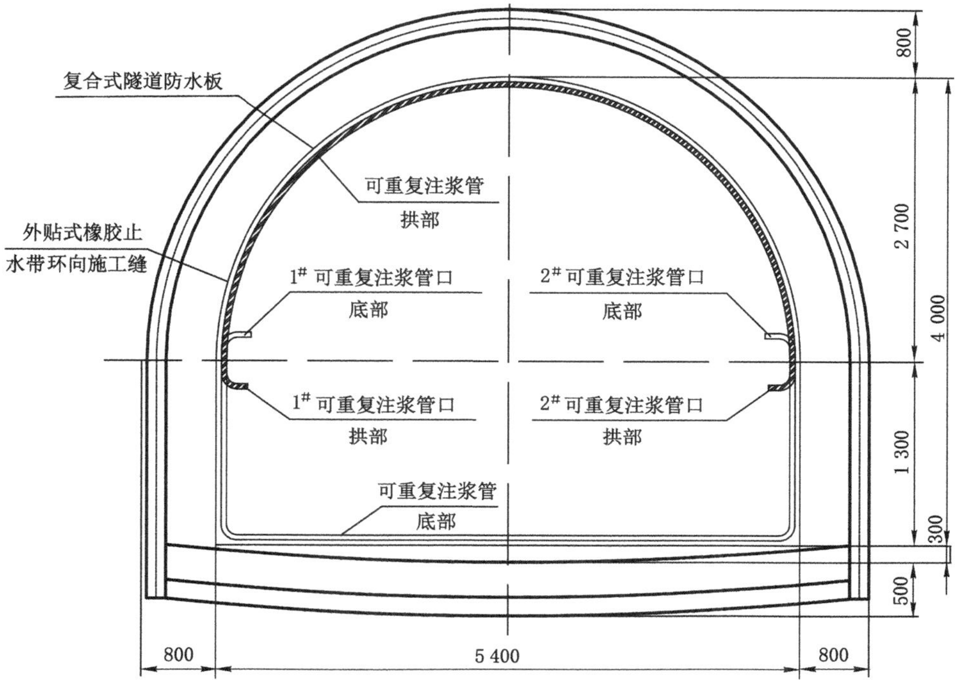

图 5-15 井壁断面注浆管埋设示意图(单位：mm)

孔口管：在井壁两侧墙预留注浆孔口，拱部及底板注浆管引出端口交错 500 mm，引出端口采用无缝钢管。

注浆顺序：注浆顺序为先注底板，后注顶板。先接茬注浆再壁间注浆，由下往上，上行注浆。

③ 注浆参数

注浆材料：采用水泥单液浆，选择 P. O 42.5R 水泥，水泥浆配合比为 0.5∶1。

注浆压力：接茬缝注浆终压 0.4 MPa，壁间注浆终压 1.4 MPa。

④ 注浆设备

注浆泵(最大注浆压力 1.5 MPa)1 台，搅拌机 1 台及注浆需要的其他配套工具和设备。

⑤ 注浆原则与方法

注浆前，用水冲刷注浆管；从一端开始注浆，当另一端口出现浆液时，封堵出浆口，继续注浆。注浆时采用间歇注浆，达到设计终压时，如果注浆压力在

3 min 之内下降，在 3 h 之后重复注浆。注浆完毕后打开出浆口阀门，用水冲刷注浆管，清空软管管芯，防止注浆管堵塞。

5.1.3.2　液压模板台车端头封堵试验

斜井冻结断面大，采用传统的人工安装端头方式进行端头封堵存在安装速度慢、封堵效果不理想等问题。为解决端头封堵装置的防漏浆问题，对液压模板台车端头封堵装置进行了现场试验。

(1) 绑扎钢筋，调校模板位置

绑扎钢筋后，向前移动模板台车到钢筋正上方，按照中腰线位置对模板进行调校定位。

(2) 端头封堵，衬砌浇筑

端头封堵时，将模板连接件与模板台车端头连接紧固，将右侧封堵板通过连接轴与模板连接件连接；利用卡扣将左右封堵板和止水钢板卡紧形成整体封堵板；将丝杠和模板台车大梁连接，顶紧封堵板，达到模板台车端头封堵效果，然后灌入混凝土进行浇筑。部件及装置如图 5-16～图 5-18 所示。

图 5-16　封堵板和卡扣

图 5-17　左侧封堵板

图 5-18　模板台车封堵装置

(3) 调节丝杠,快速脱模

在混凝土浇筑完成凝固后,只需要拧松丝杠,就可以拆除;利用折页松开端头,达到了端头拆除的效果,实现模板台车液压系统的快速脱模。

(4) 试验效果

模板台车端头封堵时间由 6～7 h 缩短至 2 h,显著降低了混凝土工序作业时间,提高了单进循环水平,降低了安全风险,提高了防漏浆水平。

研发的端头封堵装置可以重复使用,降低项目施工成本,直接减少了竹胶板、焊条等一次性封堵材料使用,提高了井下施工空气质量。

提高了模板台车端头的拆除效率,由每个循环所需时间 3～4 h 缩短至 1～2 h,使端头封堵拆除工序更为便捷,提高了单进尺循环水平。

5.2　液压自移式反底拱模板台车与连接栈桥研发

借鉴铁路桥过地面涵洞时施工钢结构桥的方案,在内壁底板与外壁台车之间架设连接栈桥,栈桥一端与外壁台车栈桥(主桥)采用销轴连接,另一端搭在已浇筑的内壁底板上,栈桥随外壁台车同步前移,栈桥上铺设轨道供箕斗运输,栈桥下空间可依靠内壁反底拱模板台车实现内壁底板的扎筋、稳模、浇筑作业。

5.2.1　衬砌台车内壁与外壁连接栈桥结构设计与原理

(1) 衬砌台车内壁与外壁连接栈桥结构设计

如图 5-19 所示,栈桥作为行人行车通道,自动跟随台车同步前移避免了反复拆装轨道和人行通道,有效提高了安全性和施工效率。

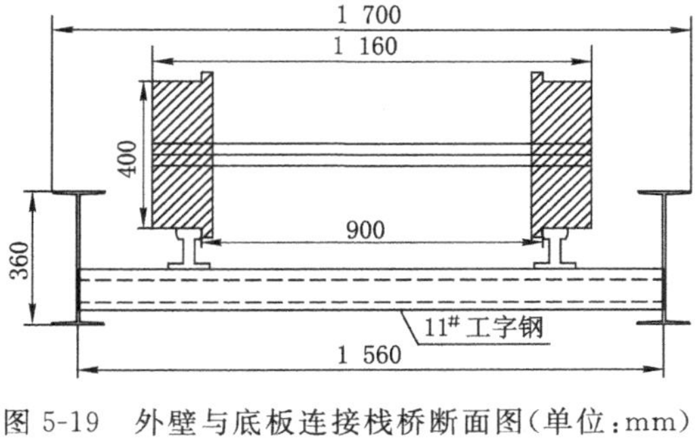

图 5-19　外壁与底板连接栈桥断面图(单位:mm)

① 准备施工材料,完成地面准备工作

a. 根据施工需求,内、外模连接栈桥设计总长度为 10 m,主钢梁为 2 根 36# 工字钢,两钢梁最外口宽度尺寸 1.7 m,如图 5-20 所示。

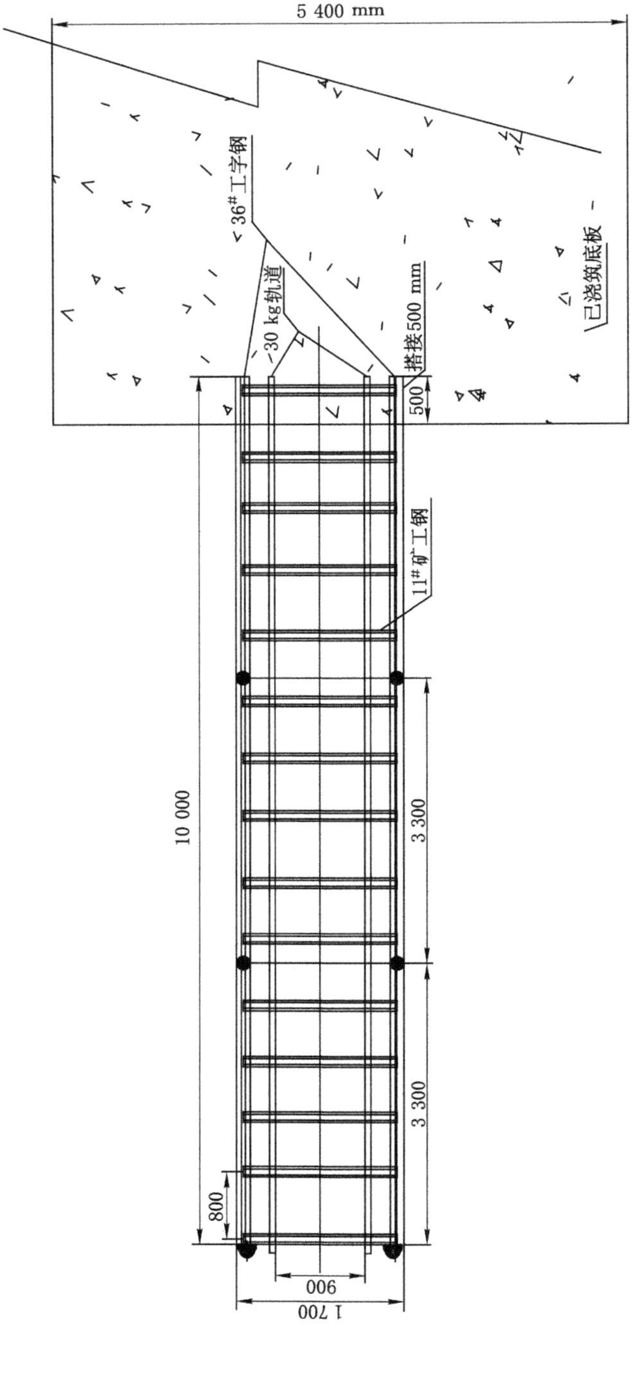

图5-20　内外模连接栈桥俯视图（单位：mm）

b. 两钢梁中间连接采用 11# 矿工钢，矿工钢的两端焊接 150 mm×150 mm×10 mm 钢板。

c. 主钢梁与连接钢梁按照 800 mm 一道将 11# 矿工钢连接梁焊至主钢梁上，形成一整体。轨道上平面低于 36# 工字钢上平面 100 mm；而后找出中心线左右各偏移 455 mm 定轨道；轨道为 30 kg/m，轨距 900 mm。轨道之间满铺 4 mm 厚花纹钢板，主桥两侧设 1.2 m 高围栏，施工材料参数、施工设备型号见表 5-5、表 5-6。

表 5-5 施工材料参数表

序号	安装所需材料	规格型号	数量	备注
1	主钢梁	36# 工字钢，长度 10 m	2 根	主承重梁
2	连接梁	11# 矿工钢，长度 1.57 m	12 根	—
3	轨道	30 kg/m，长度 8 m	4 根	—
4	花纹钢板	厚度 4 mm	8 m^2	—
5	螺纹钢筋	直径 18 mm	60 m	—

表 5-6 施工设备型号表

序号	施工设备	规格型号	数量
1	铲车	ZC-50	1 辆
2	平板车	5 t	1 辆
3	电焊机	—	2 台
4	氧气瓶、乙炔瓶	—	1 套
5	手拉葫芦	2 t	2 个
6	钢丝绳套	3 m	2 根
7	卸扣	2 t	4 个
8	灭火器材	ABC 型干粉灭火器	2 瓶

② 内壁液压自移式反底拱模板台车安装流程

a. 井下准备工作：外壁浇筑完毕，前移外模以预留出足够的安装距离；环境具备内、外模连接栈桥的安装条件。

b. 地面工作：从平板车的前、后轮毂位置分别穿过 15.5 mm 钢丝绳套，钢丝绳套挂在铲车钩头上，缓慢起钩将平板车吊至井口轨道上；人工稳固平板车使平板车缓慢落至轨道上，并用井口手动卡轨器卡住平板车下部两轮，而后从平板车销轴孔位置穿过直径 22 mm 钢丝绳套与箕斗尾部销轴连接并闭锁，如图 5-21 所示。

图 5-21　人工稳固平板车

c. 利用铲车将焊接好的栈桥起吊至平板车上，用钢丝绳套与手拉葫芦配合拉紧封车，钢梁的前头留有保险绳与提升箕斗可靠连接，如图 5-22 所示。

图 5-22　运移栈桥

d. 主钢梁锁好后由井口信号工打点，主提升司机操作将钢梁缓慢下放至井底安装位置；下放时井口、井下设专人看护，如图 5-23 所示。

e. 下放至安装内模前口位置停止，在外模门架的钢梁上挂一个 2 t 的手拉葫芦，起吊钢梁并缓慢牵引至外模主桥后侧，对正、找平后焊接连接耳盘；耳盘焊接完毕穿上销轴。

f. 根据底板与栈桥主梁下平面高度尺寸，以主梁前端为起点向后每 3 300 mm 对称加一组站桩[18# 工字钢或直径 4 in(10.16 cm)焊管]，共计两组站桩。

g. 补齐两端轨道，现场焊围栏。

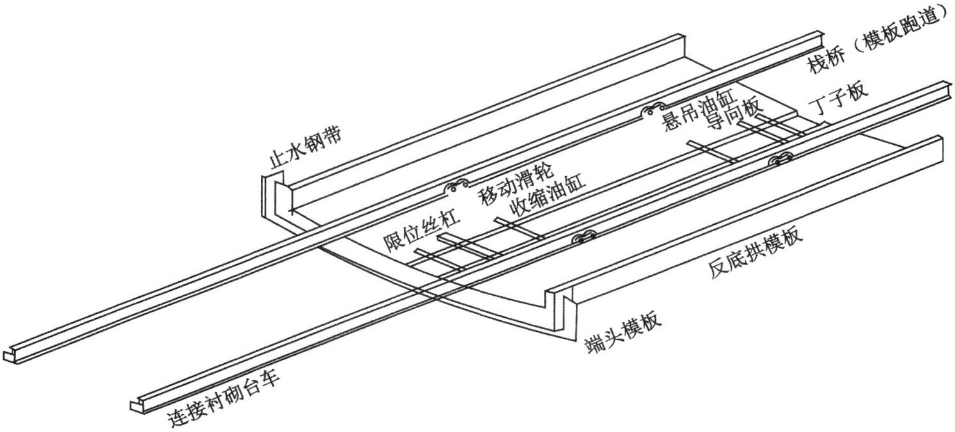

图 5-23 安装钢梁

(2) 衬砌台车内壁与外壁连接栈桥组合工作原理

传统底板混凝土衬砌多采用人工分段支立固定模板的常规作业方式，存在劳动强度大、施工效率低、输送材料用量大、混凝土浇筑过程模板易偏移的问题。专家对马城铁矿的破碎带巷段进行锚网支护及架设 29U 型钢架后，采用人工分段支立模板的方式对底拱及全断面衬砌施工，施工工艺为清理底板符合设计规格、绑扎底板钢筋、浇筑与养护底板混凝土、绑扎墙部钢筋、支设墙体与拱部模板、浇筑墙体与拱部、脱模，施工效率较低[174]。

液压自移式反底拱模板台车与全闭环整体液压模板台车基本原理相近，反底拱模板台车利用连接栈桥作滑道，反底拱模板自行移至待砌筑位置，可以实现巷道底板、边帮与顶板一体式浇筑。

反底拱模板由安装在台车车架底端的举升油缸来完成，达到支模与脱模的目的。操作液压站手柄启动台车内置液压油缸，调整钢模台车模板规格尺寸。底模与顶模安装的“双头螺旋丝杆”可以对模板进行微调，浇筑时可支撑固定模板。

悬吊反底拱模板台车于栈桥下，施工时收缩液压油缸，进行反底拱模板脱模作业，先收底模油缸，使模板与井壁脱离，再收悬吊油缸，把模板悬空与底板完全脱开；然后利用栈桥作滑道，反底拱模板自行移至待砌筑位置；利用液压油缸将模板初撑至设计尺寸后进行支模。混凝土浇筑、振捣、脱模和养护与栈桥全闭环整体液压模板台车衬砌施工工艺相同。

5.2.2 模板台车内壁反底拱衬砌试验

冻结段内壁反底拱衬砌采用 6.0 m 段长的液压自移式反底拱模板台车，内壁拱部采用一台长度为 6.0 m 的导轨式模板台车，由地面两台凿井绞车牵引，内壁反底拱衬砌工艺流程如图 5-24 所示。

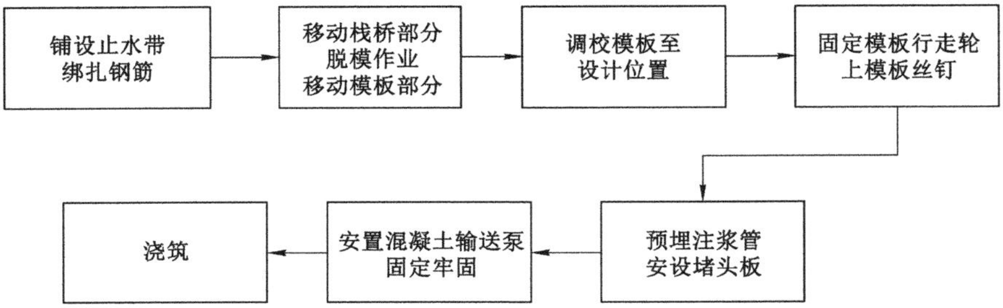

图 5-24 内壁反底拱衬砌工艺流程

(1) 铺设防水板

铺设拱部聚乙烯塑料薄板，并使用气动排钉机固定，现场可安排两组人员左右两侧平行作业。排钉间排距 300 mm×300 mm。

(2) 扎筋

拱部为双层钢筋，设计 ϕ20 mm 钢筋，间排距 300 mm × 300 mm，设 ϕ10 mm 圆钢做连系筋，间排距 600 mm×600 mm；每 6.0 m 为一个循环，站筋采用绑扎连接，搭接长度 700 mm，纵筋采用Ⅰ级直螺纹连接。

绑扎钢筋顺序：外层环筋→外层纵筋→内层纵筋→内层环筋→拉筋，绑扎前在井壁上嵌入短钢筋作为固定筋预防钢筋倾倒，采用 18 号扎丝绑扎，双丝双扎，绑扎钢筋具体如图 5-25 所示。

固定筋应沿井筒方向布置，左肩埋 1 道、右肩埋 1 道，共 2 道，每道布置 3 根，共 6 根。固定筋采用 ϕ25 mm 钢筋，加工长度 600 mm，埋深不超过 100 mm，外漏严禁超出井壁内缘。钢筋外保护层 70 mm、内保护层 50 mm。

(3) 台车稳模

① 台车移动

图 5-25 绑扎钢筋

内壁衬砌台车采用钢丝绳牵引前移。前移前，铺设轨道并固定，每次铺轨长度 6 m，轨距 2.7 m。启动稳车牵引台车缓慢前移，调节台车中线与巷道中线对齐后停止前移。

② 稳模

启动液压站，调整台车模板至设计高度，保证台车上端与原井壁贴实。通过液压油缸紧固支撑模板，使之与墙部贴实；紧固侧向支撑丝杆，支撑模板与墙部贴实，根据激光线校核模板尺寸，使之达到设计要求。

(4) 混凝土浇筑

混凝土浇筑具体操作流程可参考 5.1.2 节。

井下采用混凝土输送泵配套 ϕ108 mm 输送管，尾端接软管入模。

(5) 振捣与拱顶合拢

振捣工作由安装在模板上的风动平板振动器和插入式振动棒实现，振捣混凝土表面出浆、无气泡上浮为止。通过内壁衬砌台车上的平板振动器进行振捣，墙部布置 2 排、拱顶布置 1 排，每排设置 4 个，总计 12 个。

平板式振动器作业持续时间 40～60 s，保证混凝土振实，当混凝土表现出浮浆流动或平整状态时停止振捣。

拱部合拢浇筑作业应提前预埋直径 1.2 in(3.048 cm)钢管作为排气孔，当排气孔溢出混凝土停止浇筑，及时将排气孔封闭。

(6) 脱模

在衬砌拆除模板后，对混凝土进行为期 14～28 d 的养护工作，拆模前清洗模板，拆除后及时降温处理，如图 5-26 所示。

图 5-26　脱模与养护期间维护情况

5.3　长距离斜井高效输料工艺优化

国内斜井混凝土输料工艺常见的有两种：一是井口布置混凝土输送泵，采用商品混凝土罐车供料，通过井筒内部的输料管道将混凝土输送到模板中，这种方式在长途传输过程中可能会发生离析问题；二是随着工作面延伸后采用提升设备将物料运输至井下，通过混凝土输送泵完成物料输送，这种方式劳动强度大且工效低，无法实现连续浇筑。

神东煤炭集团通过建设地面输料孔以缩短输送混凝土与物料等的距离，减少运输车数量，避免井底车场因车辆拥堵而发生安全事故[175]。

高河煤矿因立井提升能力与混凝土需求量不协调，提出在工业广场打设输料钻孔，完成混凝土输送任务，有效缓解运输问题[176]。

传统斜井混凝土输料工艺施工周期长，混凝土搅拌和输送过程中存在混合不均匀现象。本节通过利用废弃冻结测温孔进行输料，形成了“商品混凝土罐车→溜灰槽→测温孔→井下混凝土搅拌盘→混凝土输送泵→模板台车”的输料工艺。

5.3.1　喷射混凝土工艺配置与优化

(1) 原方案

① 喷浆机布置在井口，地面铲车运输材料，井筒内敷设 ϕ50 mm 钢管输料。

② 随着掘进距离延伸，将喷浆机移至井下，采用箕斗运输至井下，人工翻料入机。

③ 人工翻料替换为风动卸料机，劳动强度降低，但喷浆作业占用主运输线，

劳动组织变为单行作业，准备材料受天气影响限制，箕斗运输料浆喷浆工艺人员配置见表 5-7。

表 5-7 箕斗运输料浆喷浆工艺人员配置表

序号	工种	配置数量	每循环消耗时间/h	备注
1	绞车工	2	3	循环进尺 1.2 m
2	地面信号把钩工	2	3	
3	铲车司机	1	3	
4	井下信号把钩工	1	3	
5	箕斗卸料工	4	3	
6	喷浆机司机	1	3	
7	喷浆手	1	3	
8	照灯工	1	3	
合计		13	—	

（2）方案优化

缩短料浆在管路中传输距离，提前备料，充分利用斜井冻结布置垂向冻结测温孔的特征，做到不占用运输线，喷射混凝土系统布置如图 5-27 所示。地面安设集中搅拌站，采用铲车将搅拌好的料浆运输至下料孔处；地面布置卸料机装料浆，然后由卸料机转运至地面喷浆机。地面喷浆机出料口接 PVE 软管，再通过冻结测温管将料浆输送至井下工作面直接进行喷射作业。优化后输料喷浆工艺人员配置见表 5-8。

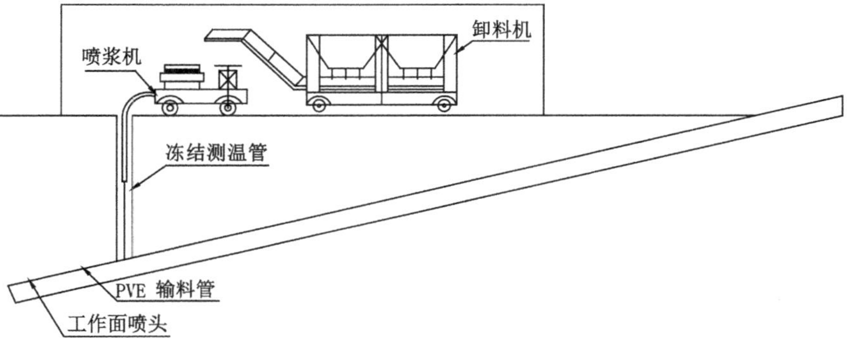

图 5-27 喷射混凝土系统布置图

表 5-8　优化后输料喷浆工艺人员配置表

序号	工种	配置数量	每循环消耗时间/h	备注
1	喷浆机司机	1	2	循环进尺1.8 m
2	卸料机司机	1	2	
3	铲车司机	1	2	
4	喷浆手	1	2	
5	照灯工	1	2	
合计		5	—	

（3）效果评价

① 预防天气影响，地面设置活动厂房。

② 信号电缆通过冻结管连接至井下，便于通信联络。

③ 人员安排。地面 2 人，负责卸料机与喷浆机正常运行；井下 2 人，负责现场喷射混凝土安全施工。

④ 工艺优化效益。下料孔输料喷浆工艺每循环可节约 3.6 个人工，每月按照 30 个循环计算，可节约 108 个人工，按照每人工 300 元计算，每月可降低人工成本 3.24 万元；冻结段按照 6 个月计算，可节约 19.44 万元。绞车运行的电费、维修费估算每月可节约 1 万元，6 个月可节约 6 万元。同时，极大地加快了喷浆速度，施工效率提升 2.25 倍。

5.3.2　浇筑混凝土工艺配置与优化

（1）原方案

① 采用商品混凝土浇筑，将混凝土输送泵布置在井口，地面采用商品混凝土罐车上料，井筒布置 ϕ159 mm 钢管输料。

② 随着掘进距离延伸，将混凝土输送泵布置在井下，采用箕斗运输至井下，人工翻料入泵。人员配置见表 5-9。

表 5-9　箕斗运输浇筑混凝土工艺人员配置表

序号	工种	配置数量	每次浇筑时间/h	备注
1	绞车工	2	12	单循环
2	地面信号把钩工	2	12	
3	灰罐下料工	1	12	
4	井下信号把钩工	1	12	

表 5-9(续)

序号	工种	配置数量	每次浇筑时间/h	备注
5	箕斗卸料工	4	12	单循环
6	输送泵司机	1	12	
7	浇筑看护工	1	12	
8	模板检查工	1	12	
合计		13	—	

(2) 方案优化

充分利用斜井冻结管垂向的特点,采用冻结测温管作为下灰管。浇筑混凝土系统布置如图 5-28 所示。利用灰罐车供料,经地面溜槽至冻结测温管(下灰管)上口;经下灰管至井下混凝土搅拌盘二次搅拌;井下溜灰至混凝土地泵加压;接管路上行至模板。混凝土输送现场如图 5-29 所示,优化后浇筑混凝土工艺人员配置见表 5-10。

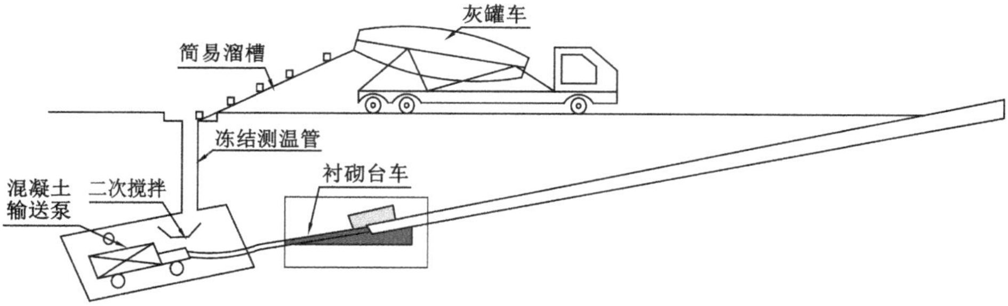

图 5-28 浇筑混凝土系统布置图

图 5-29 混凝土输送现场

表 5-10　优化后浇筑混凝土工艺人员配置表

序号	工种	配置数量	每循环消耗时间/h	备注
1	灰罐下料工	1	4	循环进尺6.0 m
2	下料孔看护工	1	4	
3	输送泵司机	1	4	
4	浇筑看护工	1	4	
5	模板检查工	1	4	
合计		5	—	

(3) 效果评价

① 信号电缆通过冻结管连接至井下，便于通信联络。

② 人员安排。地面 2 人，负责卸料机与喷浆机正常运行；井下 2 人，负责现场喷射混凝土安全施工。

③ 工艺优化效益。下料孔输料混凝土浇筑工艺每循环可节约 17 个人工，每月按照内外壁各 6 个循环计算，可节约 204 个人工，按照每人工 300 元计算，可降低人工成本 6.12 万元；冻结段按照 6 个月计算，可节约 36.72 万元。绞车运行的电费、维修费估算每月可节约 3 万元，6 个月可节约 18 万元。喷浆速率提升较大，施工效率提升 3 倍。

5.4　本章小结

本章阐明了斜井冻结长距离全闭环井壁机械化快速衬砌原理，形成了斜井冻结长距离全闭环井壁快速衬砌技术，研发了斜井冻结全闭环长距离机械化快速衬砌装备，主要包括栈桥式长距离全闭环整体液压模板台车＋液压自移式反底拱台车＋连接栈桥＋液压模板台车端头封堵装置并配套综合机械化快速衬砌工艺，显著提高了斜井冻结段成井效率。

(1) 研发了斜井施工栈桥式长距离全闭环整体液压模板台车，并通过连接栈桥实现内外壁台车机械化配套作业。采用 8 m 段长斜井施工的栈桥式全闭环整体液压模板台车，实现了主斜井冻结段井壁全断面一次性快速衬砌，提高了井壁衬砌质量。栈桥自动跟随台车同步前移避免反复拆装；内壁反底拱衬砌采用 6.0 m 段长的液压自移式反底拱模板台车与 6.0 m 长导轨式模板台车，实现了井壁衬砌循环交替作业。栈桥随外壁台车同步前移，省去了分次组装、分次浇筑工序，通过减少井壁接茬实现了巷道底板、边帮与顶板一体式浇筑。

(2) 研发了液压模板台车端头封堵装置。以整体采用组合钢模板、端头采用带钢筋限位孔的双层组合钢模板进行端头封堵，并优化了端头封堵工艺，解决了传统模板台车端头浇筑漏浆难题。

(3) 优化了长距离斜井高效输料工艺。创新性采用井筒断面内废弃冻结测温管作为下料管进行输料，优化了井上下输料系统，形成了“商品混凝土罐车→溜灰槽→测温孔→井下混凝土搅拌盘→混凝土输送泵→模板台车”的高效输料工艺，缩短了输料线路。

6　斜井冻结穿越强透水层工业性试验

本章以山西省沁水县里必煤矿主斜井冻结法穿越强富水大流速卵石层复杂地质条件工程为背景，依据本书研究成果，提出主斜井冻结与缺口弥合、控制爆破高效掘进、冻结壁全闭环围岩控制、壁后与壁间滞后注浆等方案，开展了斜井冻结穿越强透水层工业性试验，验证了斜井穿越强透水层缺口弥合理论与安全高效掘进关键技术的可靠性。

6.1　斜井冻结方案设计

6.1.1　冻结起始与终止位置

主斜井斜长 1 770.8 m，井筒净径 5 400 mm。地表绝对高程为＋757.7 m，地下静水位绝对高程为＋752.8 m，以明槽开挖段开口处净底板位置（约为地表高程）作为冻结设计基准点，主斜井冻结起始位置为－3.921 m，冻结起点比静水位高 1 m，确定主斜井冻结段开始位置高程为＋753.8 m。

主斜井冻结终止位置最大深度应超过基岩风化带 3 m，稳定基岩线低于地表绝对高程 63.381 m，主斜井冻结终止位置荒顶－68.381 m（绝对高程＋689.319 m），即主斜井冻结段终止位置进入稳定基岩 5 m，需采用冻结法施工段长度 231.06 m，如图 6-1 所示。

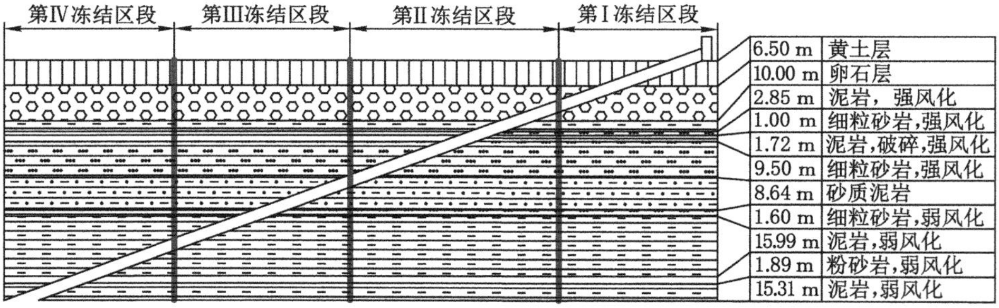

图 6-1　冻结段地层示意图

6.1.2 冻结壁厚度确定

根据第 3 章冻结壁厚度理论计算，考虑井筒断面形状，受力不均匀性及应力集中情况，各个阶段冻结壁厚度取值见表 6-1。

表 6-1 冻结壁厚度

段号	顶板/m	两帮/m	底板/m	备注
第Ⅰ段	6	2.4	5	全断面帷幕冻结
第Ⅱ段	6	2.4	5	全断面帷幕冻结
第Ⅲ段	—	2.4	—	箱式帷幕冻结
第Ⅳ段	—	2.4	—	箱式帷幕冻结

6.1.3 冻结孔布置

主斜井冻结斜长 231.06 m，冻结段分为四段，第Ⅰ、Ⅱ段采取全断面帷幕冻结，第Ⅲ、Ⅳ段采用箱式帷幕冻结。设计冻结钻孔布置如下：

(1) 第Ⅰ冻结区段冻结孔布置

如图 6-2、图 6-3 所示，第Ⅰ冻结区段斜长 53.07 m，采用全断面帷幕冻结。掘砌断面内设计三排冻结孔，将其称为中排孔，孔间距 2.50 m；掘砌断面外设计两排冻结孔，称之为外排孔，孔间距为 1.60 m；各冻结孔排间距为 2.58 m；冻结钻孔深度为底板向下 5.5 m。冻结管及测温管采用 ϕ140 mm×5 mm 无缝钢管、ϕ152 mm×5 mm 外接箍。

(2) 第Ⅱ冻结区段冻结孔布置

如图 6-4、图 6-5 所示，第Ⅱ冻结区段斜长 68.24 m，采用全断面帷幕冻结；掘砌断面内设计三排中排孔，孔间距 2.50 m；掘砌断面外设计两排外排孔，孔间距为 1.80 m；各冻结孔排间距为 2.58 m；冻结钻孔深度为荒底板向下 5.5 m。

利用第Ⅱ冻结区段ⅡF1～ⅡF12 冻结孔作为全断面冻结封尾孔，同时与第Ⅲ段箱式冻结段的封头孔共同交圈形成冻结壁。冻结管及测温管采用 ϕ140 mm×5 mm 无缝钢管、ϕ152 mm×5 mm 外接箍。

(3) 第Ⅲ冻结区段冻结孔布置

如图 6-6、图 6-7 所示，第Ⅲ冻结区段斜长 55.76 m，采用箱式帷幕冻结；掘砌断面不冻结，掘进断面两侧设计两排外排孔，孔间距为 1.80 m，共计 60 个孔；冻结钻孔深度超过冻结区域基岩风化带深度 3 m。封头封尾孔 14 个，孔间距 1.84 m。冻结管和测温管采用 ϕ140 mm×5 mm 无缝钢管、ϕ152 mm×5 mm 外接箍；排水管采用 ϕ219 mm×6 mm 钢管、ϕ245 mm×8 mm 外接箍。

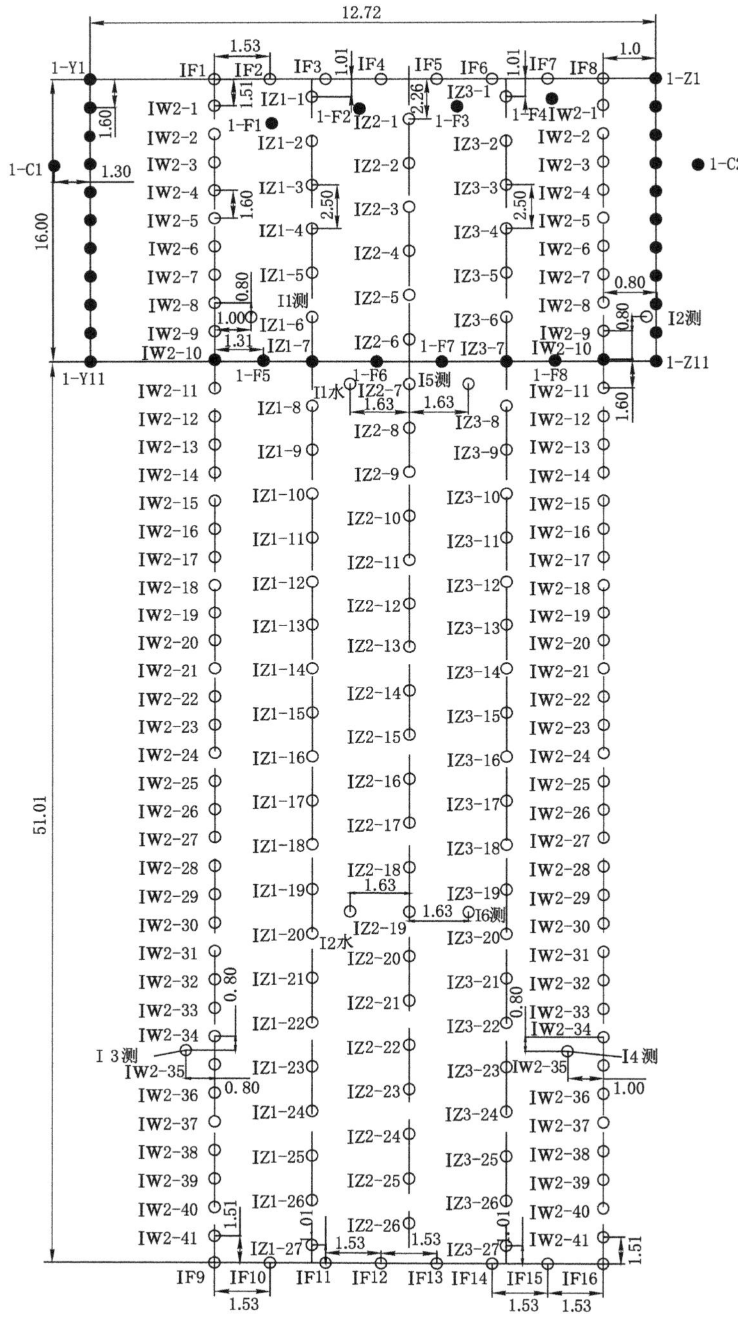

图 6-2　第Ⅰ冻结区段冻结孔、测温孔与水位孔布置图(单位:m)

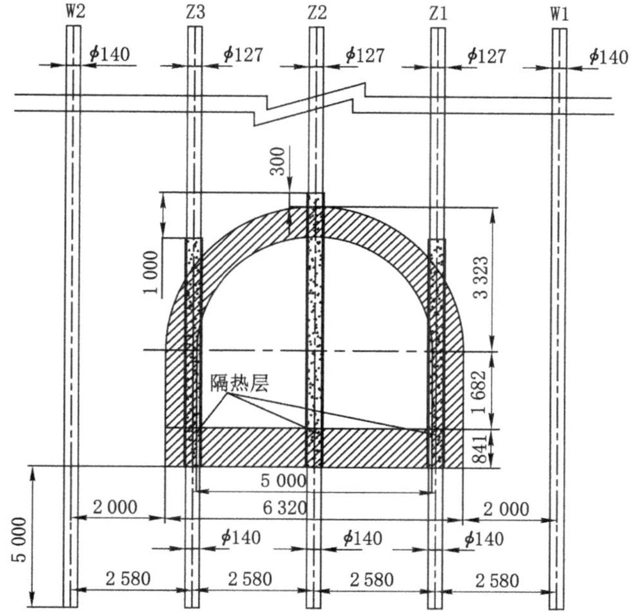

（a）第I冻结区段浅部

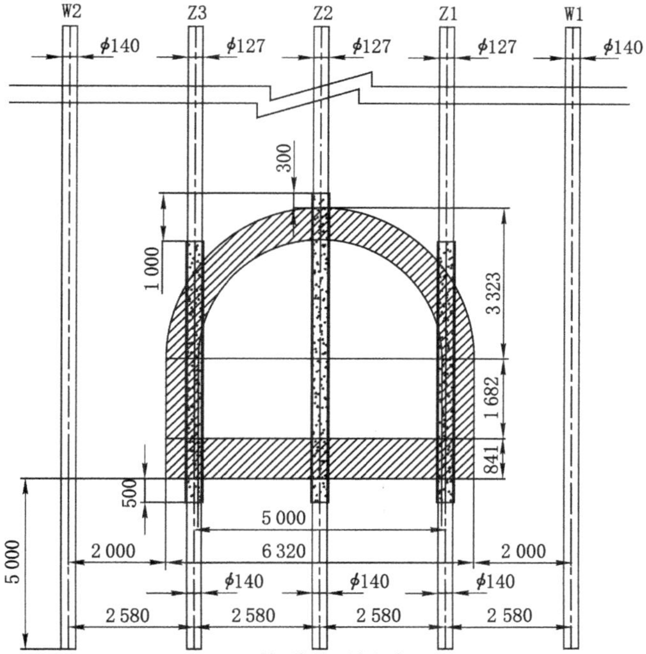

（b）第I冻结区段深部

图 6-3　冻结管布置截面示意图(单位:mm)

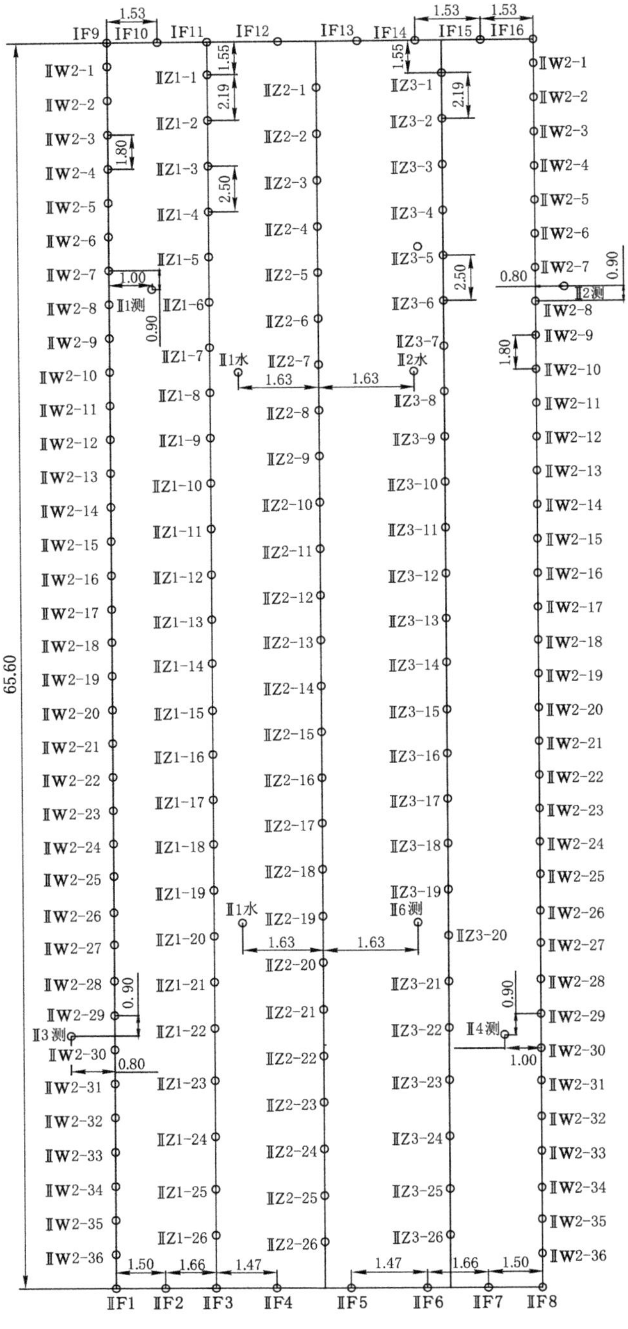

图 6-4　第Ⅱ冻结区段冻结孔、测温孔与水位孔布置图(单位:m)

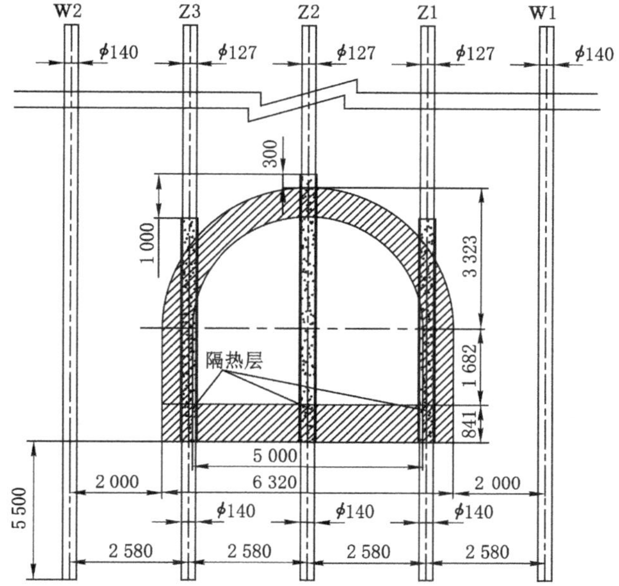

(a) 第Ⅱ冻结区段浅部

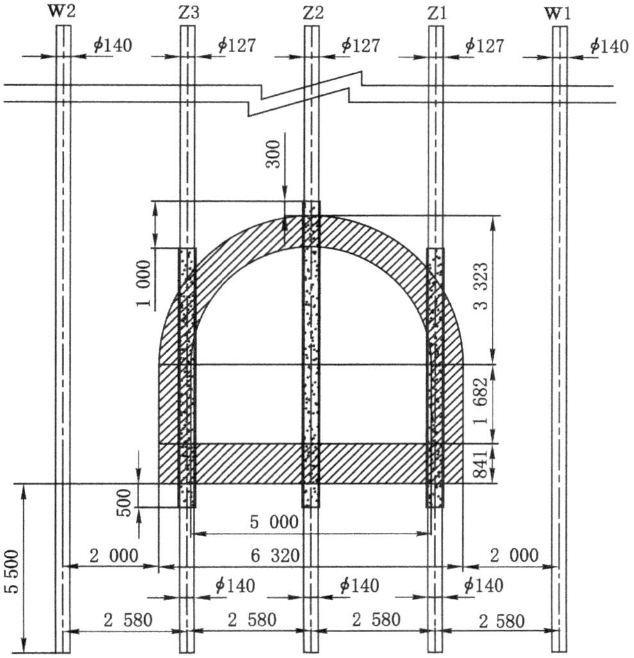

(b) 第Ⅱ冻结区段深部

图 6-5 冻结管布置截面示意图(单位:mm)

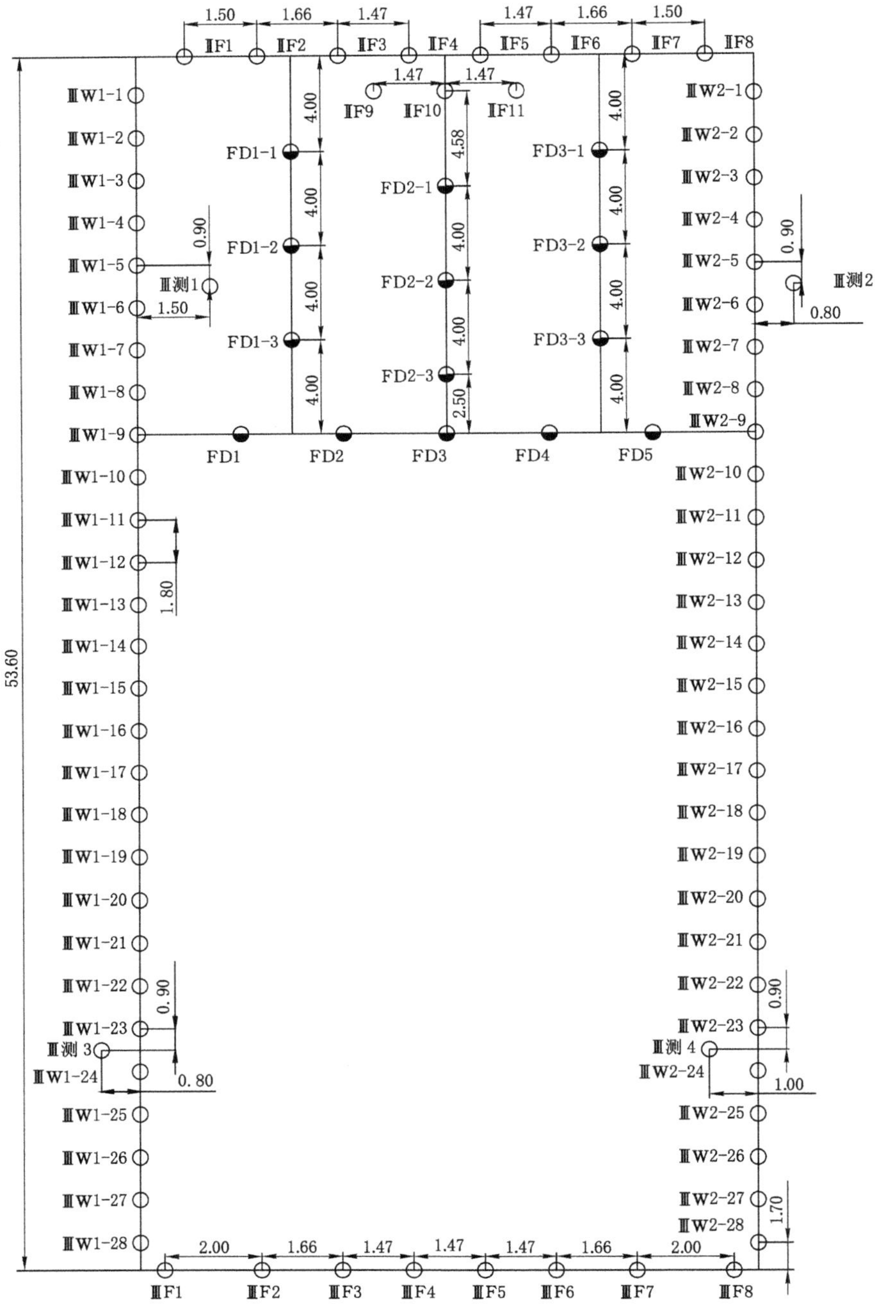

图 6-6　第Ⅲ冻结区段测温孔、水位孔布置图(单位:m)

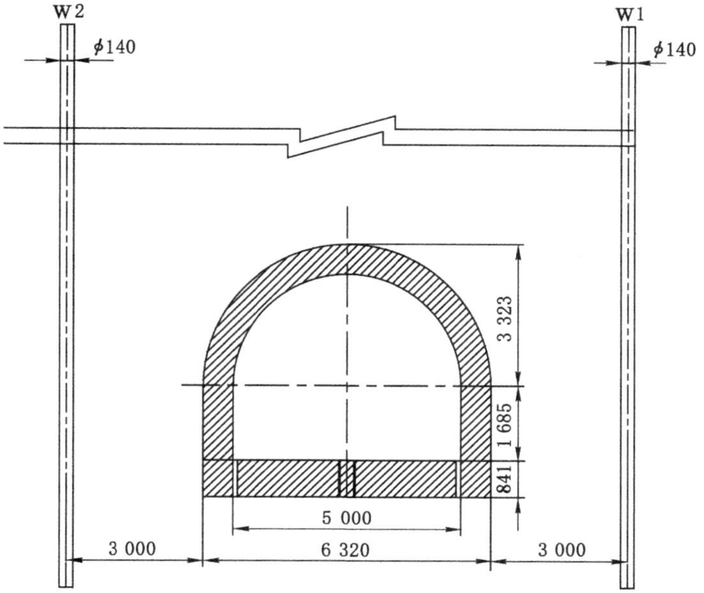

图 6-7　第Ⅲ区段冻结管布置截面示意图(单位:mm)

(4) 第Ⅳ冻结区段冻结孔布置

如图 6-8、图 6-9 所示,第Ⅳ冻结区段斜长 53.99 m,采用箱式帷幕冻结;掘砌断面不冻结,掘进断面两侧设计两排外排孔,孔间距为 1.80 m,共计 62 个孔;冻结深度超过冻结区域基岩风化带深度 3 m。封尾孔 7 个,孔间距 1.84 m。冻结管和测温管采用 ϕ140 mm×5 mm 无缝钢管,ϕ152 mm×5 mm 外接箍;排水管采用 ϕ219 mm×6 mm 钢管、ϕ245 mm×8 mm 外接箍。

6.1.4　制冷系统设计

(1) 制冷系统施工设计

① 主斜井需冷量计算

冻结管散热能力为 250 kcal/(m^2 · h),冷量损失系数为 1.2,则主斜井需冷量计算见表 6-2。

表 6-2　主斜井需冷量计算表

单位	第Ⅰ段	第Ⅱ段	第Ⅲ段	第Ⅳ段	合计
×10^4 kcal/h	40.05	77.84	67.82	56.06	241.77

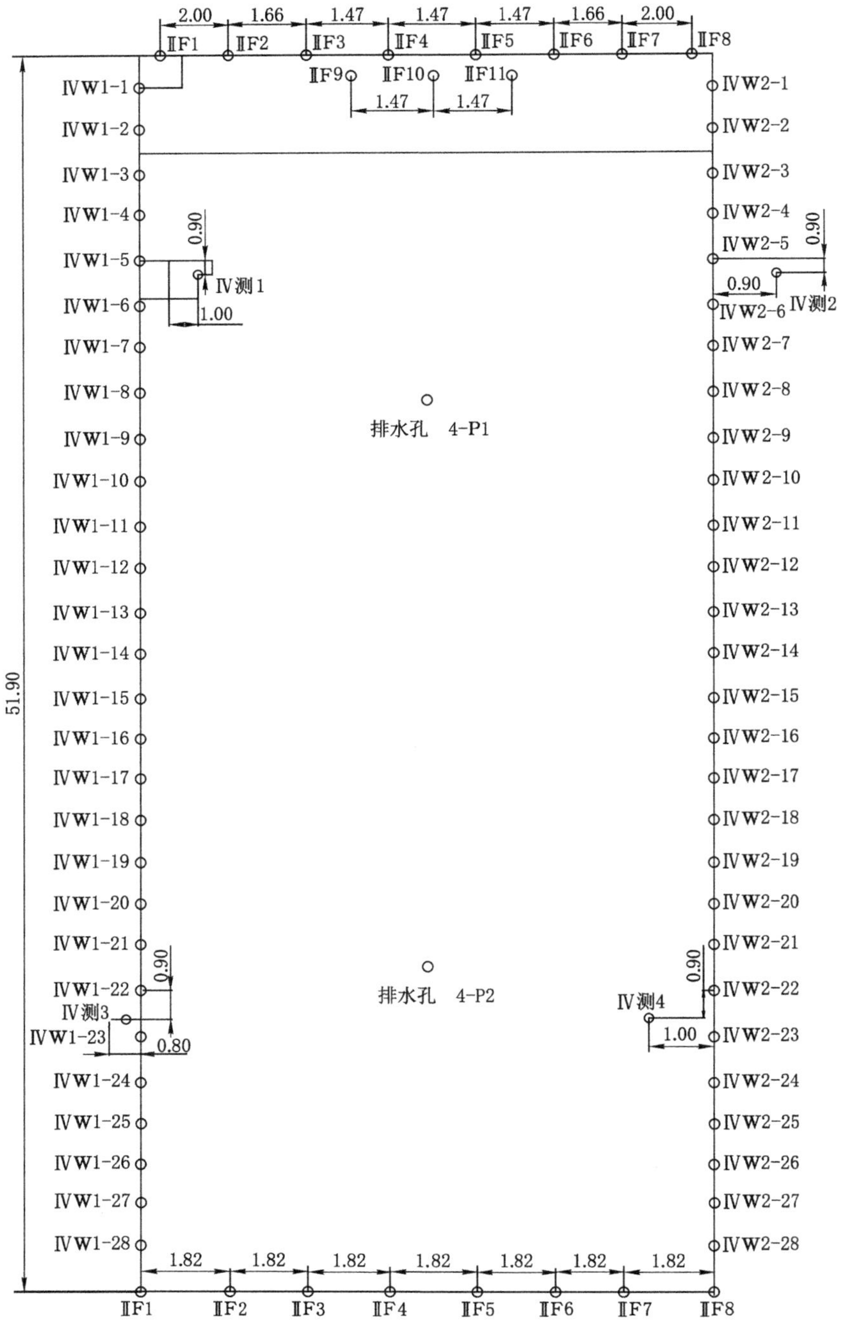

图 6-8 第Ⅳ冻结区段测温孔、水位孔布置图(单位:m)

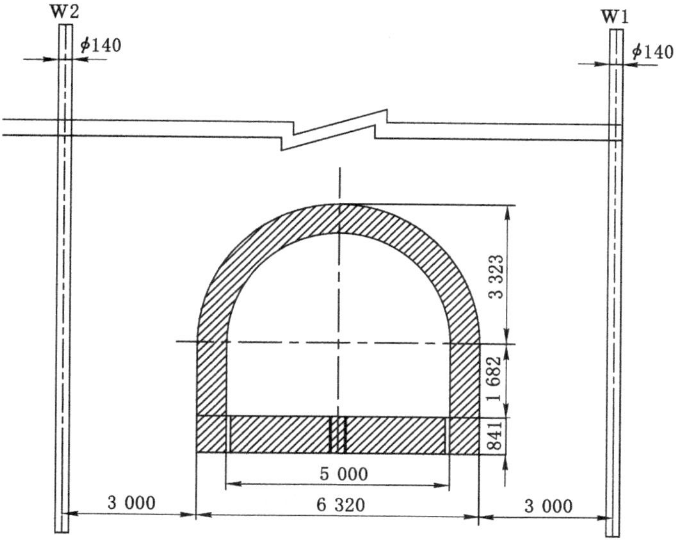

图 6-9 第Ⅳ区段冻结管布置截面示意图(单位:mm)

② 制冷设计参数选用

设计积极冻结期盐水温度为−26 ℃,维护冻结期盐水温度为−22～−20 ℃,盐水比重 1.26。

③ 冷冻站设备配置

主斜井选用双级压缩制冷方式的冷冻站,氨系统、盐水系统分别串联,中间加隔阀,可以单独运行,亦可互相调节。冷冻站设备见表 6-3,具体设备如图 6-10 所示。

表 6-3 冷冻站设备配置

序号	设备名称	规格型号	数量	额定功率/kW	备注
1	双机双级机组	W-SAHLG25ⅢT220/20Ⅲ250	7	220/250	钻机开钻后 5 日内全部进场就位,加快安装速度,做到第Ⅰ段造孔结束时,冷冻站试压结束
2	虹吸撬块	QEF240/800	7	—	
3	高效蒸发冷凝器	SPL-1575	7	22	
4	热虹吸贮氨器	HGZA-5	3	—	
5	盐水泵	10sh-6	8	132	
6	潜水泵	QY65-10-3	2	3	
7	盐水箱	4 m×2.2 m×1.5 m	4	—	
8	清水箱	6 m×2.2 m×1.5 m	2	—	

④ 液氨、冷冻机油用量计算

液氨用量根据冷冻站设计装机及辅助设备、管路选用，主副斜井冷冻站首次充氨 21 t；运转期间补充氨量 12 t。共计需用量 33 t，氨浓度≥99.8%。

冷冻机油选用 N46，主副斜井首次充油量 5 t，运转过程中补充 3 t，总需用量 8 t。

(a) 地面冻结站

(b) 地面冷冻机

图 6-10　制冷系统主要设备

(2) 盐水循环系统设计

① 盐水参数选用

选用 $CaCl_2$ 水溶液；去路盐水温度 $t_r = -26$ ℃，盐水密度 1 260 kg/m^3；波美度为 29.8 °Bé。

② 盐水管路直径计算

供液管均选用 ϕ75 mm×6 mm 聚乙烯塑料软管，冻结孔内盐水流动采用反循环方式。盐水干管选用 ϕ377 mm×10 mm 无缝钢管，主斜井 2 趟，副斜井 2 趟。

③ 水泵选型

冷冻站共选用 10sh-6 型盐水泵 8 台，主斜井 4 台，该泵扬程为 56 m 时，单泵流量为 612 m^3/h，配套电机功率 132 kW/380 V。

④ 固体氯化钙用量计算

盐水溶液体积 V_t 采用下式计算：

$$V_t = V_1 + V_2 + V_3 + V_4 \tag{6-1}$$

式中：V_1 为冻结管内盐水体积，m^3；V_2 为盐水干管管内体积，m^3；V_3 为盐水箱内盐水体积，m^3；V_4 为撬块盐水体积，m^3。

经计算：$V_t = 822.3$ m^3。

氯化钙用量 G 采用下式计算：

$$G = 1.2aV_t/\rho_1 \tag{6-2}$$

式中：a 为盐水溶液中氯化钙含量，为 360.7 kg/m^3；ρ_1 为氯化钙纯度，为 92%。

经计算，G=386.9 t。

6.2　冻结壁缺口弥合方案

6.2.1　降水井截流方案

根据井检资料，地下水流方向为自西南向东北，在主斜井第Ⅰ段ⅠW2-18 和ⅠW2-27 外侧距离 8 m，施工两个降水井，具体位置如图 6-11 所示，井深 18 m，采用 ϕ273 mm×6 mm 套管，下置潜水泵抽水，平衡水位，减小水流冲刷冻结壁，加快冻结壁交圈合拢。

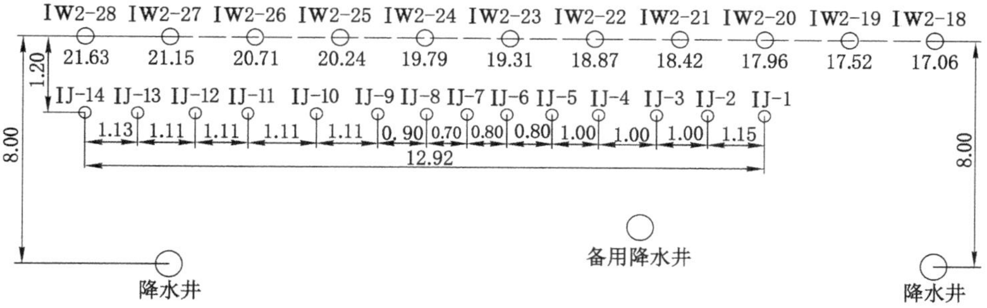

图 6-11　主斜井第Ⅰ段加强冻结孔及降水井示意图(单位：m)

在第Ⅰ段适当位置施工一个备用井，井深 18 m，采用 ϕ273 mm×6 mm 套管或 ϕ140 mm×6 mm 无缝钢管，作为注浆孔、测温孔和冻结孔使用。

排水泵管路设置旁支阀，以便调节外排水量，降水井排水主要用于冻结清水循环，其余排放至规定位置，主要材料见表 6-4。

表 6-4　主要材料表

名称	规格	数量	单位	备注
潜水泵	QJ200/50-80	3	台	
排水管	ϕ108 mm×5 mm	60	m	钢管
排水管	ϕ76 mm×5 mm	500	m	塑料管
电缆	YC-3×16+1×4	150	m	
阀门	DN65	6	个	

6.2.2 地面注浆堵水方案

根据温差曲线，经研究论证，在ⅠW2-21～ⅠW2-26号冻结孔外1.2 m施工一排钻孔进行注浆堵水。为快速堵水，注浆浆液采用水性UF树脂马克水Max07化学浆，对3～6号钻孔进行注浆，注浆终压为静水压力的1.5倍，压力值为0.45 MPa。如图6-12所示。

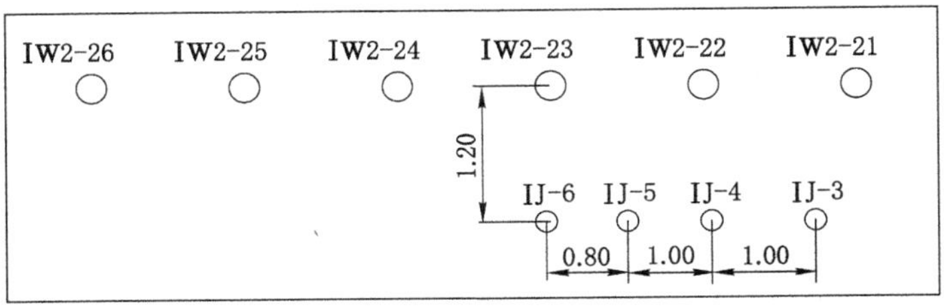

图6-12 主斜井第Ⅰ段注浆孔示意图(单位:m)

6.2.3 强化冻结方案

(1) 垂直冻结管强化冻结

在主斜井第Ⅰ段ⅠW2-20～2-28外侧距离1.0 m施工14个加强冻结孔，孔间距0.7～1.15 m，孔深15 m。冻结管采取ϕ140 mm×5 mm无缝钢管，ϕ152 mm×5 mm外接箍，下置ϕ76 mm×5 mm塑料管作为供液管。

备用井根据现场情况作为水位观测、注浆、测温、冻结孔等使用；强化冻结孔孔深自灰土盘以下15 m，施工时若发现出水情况，及时注浆，钻孔施工时，需注意盐水干管的保护。主要材料见表6-5。

表6-5 主要材料表

名称	规格/mm	数量	单位
无缝钢管	ϕ140×5	210	m
供液管	ϕ76×5	210	m
外接箍	ϕ152×5	2.25	m
冻结器	—	14	个
高压胶管	ϕ75	60	m

（2）环形冻结管冻结防窜水

在棚档之间预埋环形冻结管，规格为 ϕ75 mm×6 mm 低密度聚乙烯管，已割断的中排冻结管与环形冻结管连接，形成盐水循环冻结衬砌后空间。环形冻结管布置现场如图 6-13 所示。

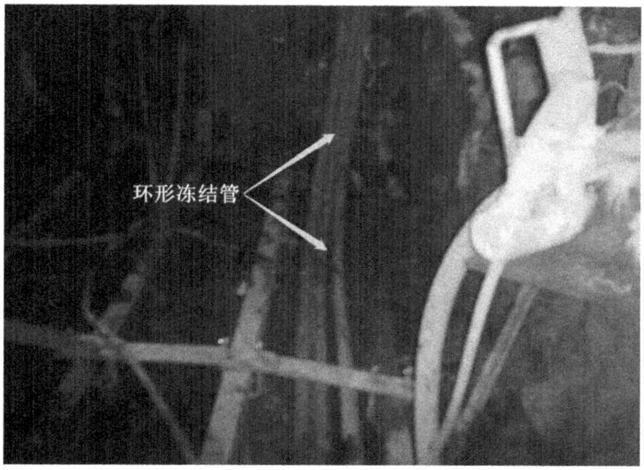

图 6-13 环形冻结管布置现场图

6.3 斜井冻结工程实践

根据斜井井筒倾向穿入不同地层特点，按斜井冻结垂深将冻结段划分为四段，通过外排孔全孔盐水纵向温度检测，排查水流异常区，根据温差大小评价冻结壁稳定性，解决交圈困难的问题。各冻结区段冻结孔纵向温度曲线如图 6-14～图 6-17 所示。

第Ⅰ冻结区段冻结孔测温深度在 0～31 m 区间，第Ⅱ冻结区段冻结孔测温深度在 2～48 m 区间，第Ⅲ冻结区段冻结孔测温深度在 0～62 m 区间，第Ⅳ冻结区段冻结孔测温深度在 2～43 m 区间。

主斜井在第Ⅰ冻结区段冻结过程中出现卵石层段局部水流速度大，难以交圈的问题，通过检测冻结孔纵向温度发现，在 15～25 m 深度范围，局部纵向温度有拐点，冻结壁局部未交圈。

在第Ⅱ、Ⅲ、Ⅳ冻结区段，根据温度监测曲线拐点情况，采用了注浆与强化冻结相结合的解决方案，获得了理想的冻结效果。

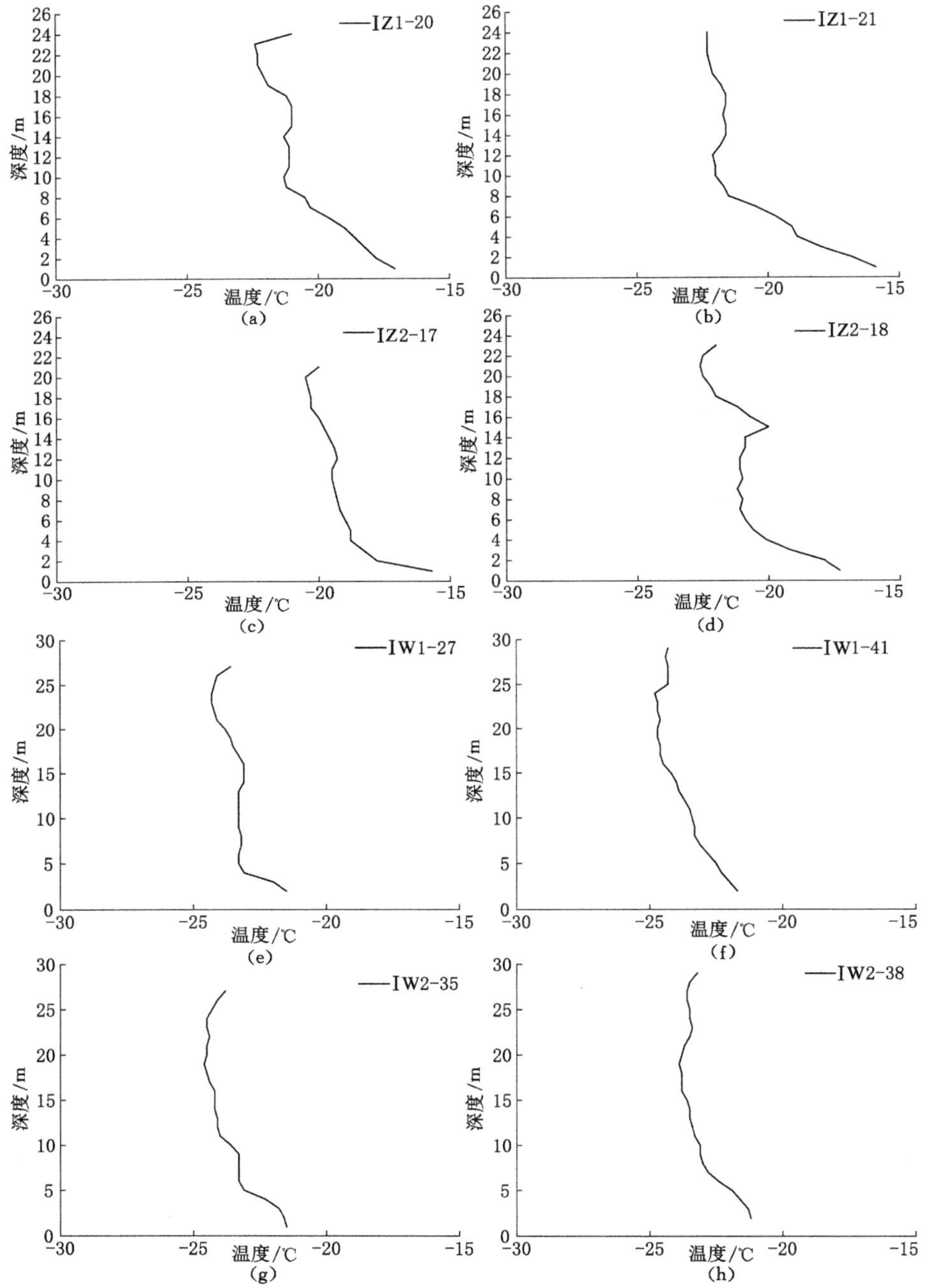

图 6-14　第Ⅰ冻结区段冻结孔纵向温度曲线

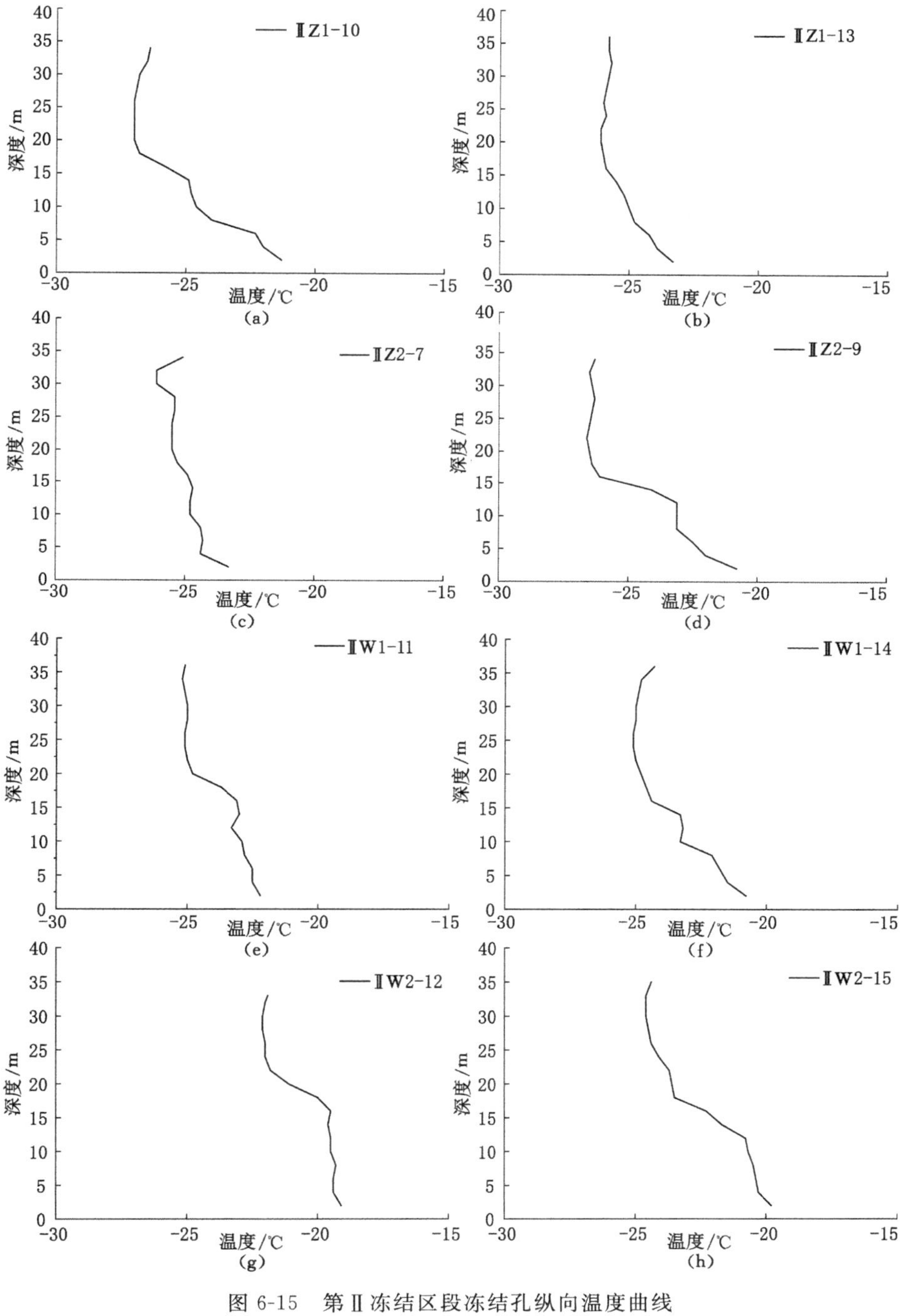

图 6-15　第Ⅱ冻结区段冻结孔纵向温度曲线

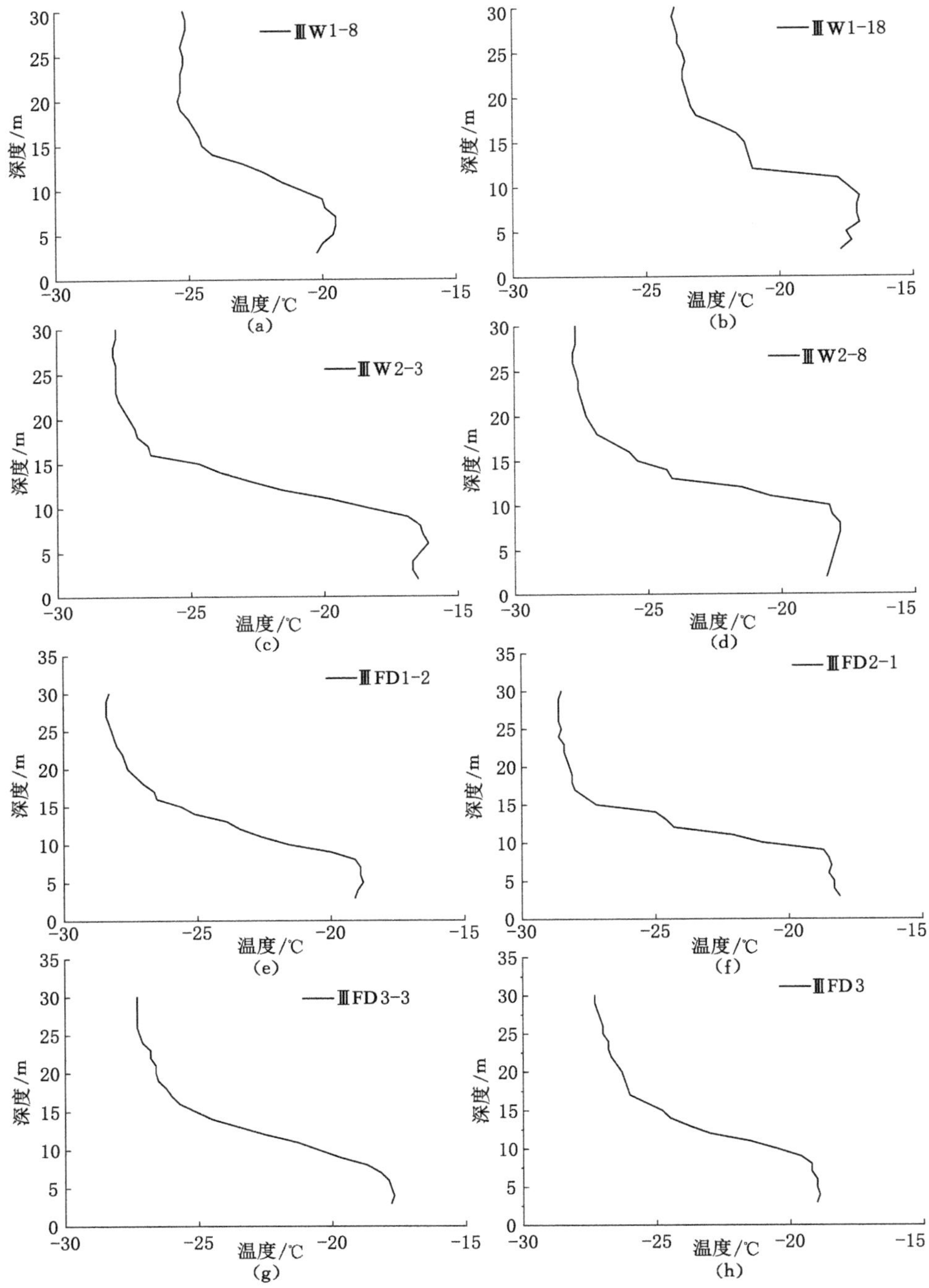

图 6-16　第Ⅲ冻结区段冻结孔纵向温度曲线

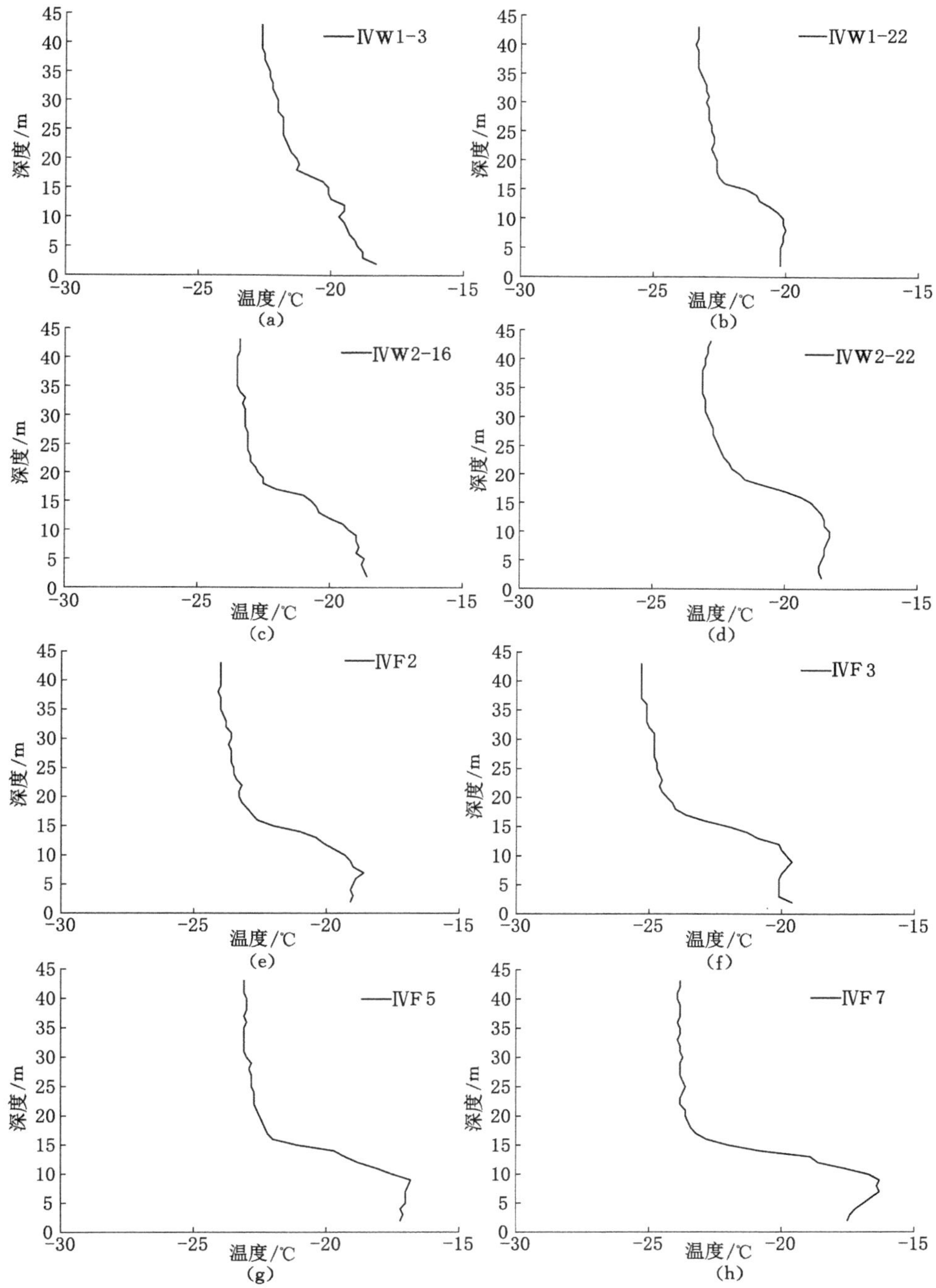

图 6-17 第Ⅳ冻结区段冻结孔纵向温度曲线

主斜井开挖揭露垂深11 m位置，从井下实测发现，ⅠZ3-14冻结孔附近，有一个40 cm×50 cm的空洞，充填化学浆。地层卵石层，局部空洞，无胶结。井帮温度－10.7～－8.3 ℃，冻结效果良好。主斜井掘进揭露空洞及注浆效果，如图6-18所示。

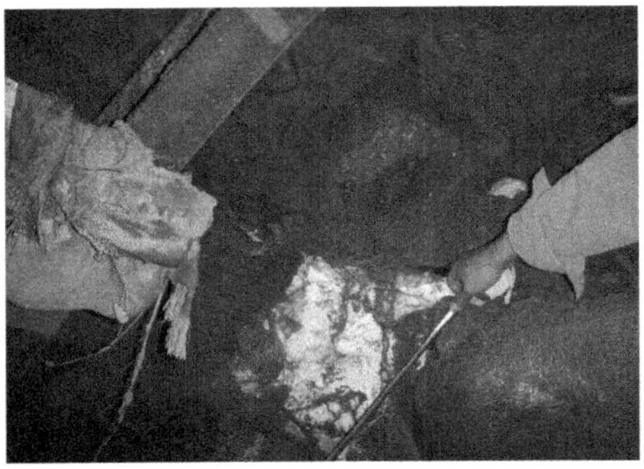

图6-18 主斜井掘进揭露空洞及注浆效果图

主斜井的冻结施工在采用等效冻结时间调控与步进式冻结投入调控理论后，最大限度地降低了冻结成本，在保证施工安全的情况下地层冻结状态达到了最为理想的冻结状态，即掘进断面“溏心”的效果，有力地提高了冻结与掘进的配合效果，确保安全、快速施工。

环形冻结管与工字钢棚、网、冻结壁浇筑一体，井壁浇筑后立即恢复盐水循环冻结，将井壁与冻结壁冻为一体，防止冻结壁和井壁之间形成水流通道，上一冻结区段与下一冻结区段之间布置两道环形冻结管，有效解决了上一冻结区段冻结壁化冻后水流下窜到工作面问题，保证了施工安全，同时大大降低了上一冻结区段维护冻结费用。

6.4 控制爆破方案与实践

为加快施工进度，主斜井采用1.8 m循环进尺控制爆破掘进。埋深小于35 m时，采用三次起爆。当埋深大于35 m时，执行全断面分成墙部、拱部两次起爆。

6.4.1 循环进尺1.8 m松动爆破工艺

（1）钻凿炮孔

采用YT-28型气腿式凿岩机配B22 mm×2 400 mm中空六角钢钎、

ϕ42 mm“一”字形钻头分次湿式凿孔。拱部布置 3～4 台钻机，墙部出矸后布置 4～5 台钻机施工，炮孔施工后立即用扫孔器通过压风吹净孔内杂物，采用 PVC 管插入孔内作为保护壁以确保炮孔成孔质量。

(2) 装药连线

采用煤矿许用三级抗低温乳化炸药，药卷规格为：ϕ35 mm×300 mm，重量 300 g/卷；引爆炮头采用煤矿许用Ⅰ、Ⅱ、Ⅲ、Ⅳ、Ⅴ段毫秒延期电雷管(总延期不超过 130 ms)，采用正向连续装药，装药前用扫孔器通过压风吹净孔内杂物，采用绝缘材质炮棍并将其送到孔底，采用自制炮泥封孔，封孔长度不小于 0.8 m；架棚后最小空顶距 300 mm，最大空顶距 2 100 mm。

连线方式为串联，工作面布置两道横向铁丝作为脚线悬吊点，脚线之间连接采用拧接 4～5 道后的绝缘胶带；各炮孔之间采用“手拉手”连接、拧接并用绝缘胶带捆扎。

(3) 起爆作业

起爆前，由爆破工在井筒右帮布置矿用阻燃电缆作为爆破母线，采用 MFB-200 型隔爆电容式发爆器起爆。

避炮安全距离为 120 m，当井筒斜长小于 160 m 时，施工人员全部撤至地面距井口 20 m 外起爆；地面在主井口设爆破警戒。当井筒斜长大于 160 m 时，施工人员在距离工作面 120 m 外的井筒躲避硐内进行起爆作业；井下爆破警戒距离工作面不得小于 120 m。

6.4.2 循环进尺 1.8 m 松动爆破参数

具体爆破参数及布置图见表 6-6～表 6-8、图 6-19、图 6-20 所示。

表 6-6 循环进尺 1.8 m 三次起爆爆破参数

松动爆破顺序	孔号	炮孔名称	炮孔深度/m	空孔孔数	装药孔数	单孔装药量/kg	总装药量/kg	雷管段号
掏槽一次起爆	1～8	掏槽 1	2.1	3	8	0.9	7.2	Ⅰ
	9～14	掏槽 2	2.1	0	6	0.9	5.4	Ⅱ
	22～28	辅助 1	1.8	0	7	0.6	4.2	Ⅲ
	15～21	底孔	1.8	0	7	0.9	6.3	Ⅳ
	小计		—	3	28	—	23.1	—

表 6-6(续)

松动爆破顺序	孔号	炮孔名称	炮孔深度/m	空孔孔数	装药孔数	单孔装药量/kg	总装药量/kg	雷管段号
墙部二次起爆	29～38	辅助 2	1.8	0	10	0.6	6.0	—
	39～48	辅助 3	1.8	0	10	0.6	6.0	—
	49～58	辅助 4	1.8	0	10	0.6	6.0	Ⅱ
	59～70	周边孔	1.8	0	12	0.6	7.2	Ⅲ
	71～80	底孔	1.8	0	10	0.9	9.0	Ⅲ
	小计		—	0	52	—	34.2	—
拱部三次起爆	81～85	辅助 2	1.8	0	5	0.6	3.0	Ⅰ
	86～94	辅助 3	1.8	0	9	0.6	5.4	Ⅱ
	95～107	辅助 4	1.8	0	13	0.6	7.8	Ⅲ
	108～130	周边孔	1.8	0	23	0.6	13.8	Ⅳ
	小计		—	0	50	—	30.0	—
合计				3	130	—	87.3	—
卧底	W1～W40	卧底	1.0	0	40	0.6	24.0	—
总计				3	170	—	111.3	—

表 6-7　循环进尺 1.8 m 两次起爆爆破参数

松动爆破顺序	孔号	炮孔名称	炮孔深度/m	空孔孔数	装药孔数	单孔装药量/kg	总装药量/kg	雷管段号
墙部一次起爆	1～8	掏槽 1	2.1	3	8	0.9	7.2	Ⅰ
	9～14	掏槽 2	2.1	0	6	0.9	5.4	Ⅱ
	15～21	辅助 1	1.8	0	7	0.6	4.2	Ⅱ
	22～31	辅助 2	1.8	0	10	0.6	6.0	Ⅲ
	32～41	辅助 3	1.8	0	10	0.6	6.0	Ⅲ
	42～51	辅助 4	1.8	0	10	0.6	6.0	Ⅳ
	52～63	周边孔	1.8	0	12	0.6	7.2	Ⅳ
	64～80	底孔	1.8	0	17	0.9	15.3	Ⅴ
	小计		—	3	80	—	57.3	—

表 6-7(续)

松动爆破顺序	孔号	炮孔名称	炮孔深度/m	空孔孔数	装药孔数	单孔装药量/kg	总装药量/kg	雷管段号
拱部二次起爆	81～85	辅助 2	1.8	0	5	0.6	3.0	Ⅰ
	86～94	辅助 3	1.8	0	9	0.6	5.4	Ⅱ
	95～107	辅助 4	1.8	0	13	0.6	7.8	Ⅲ
	108～130	周边孔	1.8	0	23	0.6	13.8	Ⅳ
	小计		—	0	50	—	30.0	—
合计				3	130	—	87.3	—
卧底	W1～W40	卧底	1.0	—	40	0.6	24.0	—
总计				3	170	—	111.3	—

表 6-8 循环进尺 1.8 m 两次起爆爆破效果表

序号	爆破指标	单位	数量
1	炮孔利用率	%	100
2	每循环进尺	m	1.8
3	每循环爆破实体岩石量	m^3	74.2
4	每循环炸药消耗量	kg	111.3
5	单位原岩炸药消耗量	kg/m^3	1.5
6	每循环雷管消耗量	个	170
7	雷管消耗量	个/m	85
8	每循环炮孔长度	m	311

(1) 炮孔布置图

与循环进尺 1.8 m 三次起爆炮孔布置相同。

(2) 反底拱掘进工艺

反底拱掘进根据主体实际掘进底板与设计底板深度，可采取两种方式：

① 当底板深度小于 0.5 m 时，采用挖掘机破碎锤掘进，分段倒退式掘进方式，每掘进 8.0 m 为一个段长。

② 当底板深度大于 0.5 m 时，采用爆破松动掘进，斜孔布孔，孔口朝向工作面，炮孔间排距 0.8 m×0.8 m；炮孔角度 60°～75°，深度超过底板 200 mm；采用雷管分段、装药量每孔 0.6 kg；最大装药量 24 kg/炮。

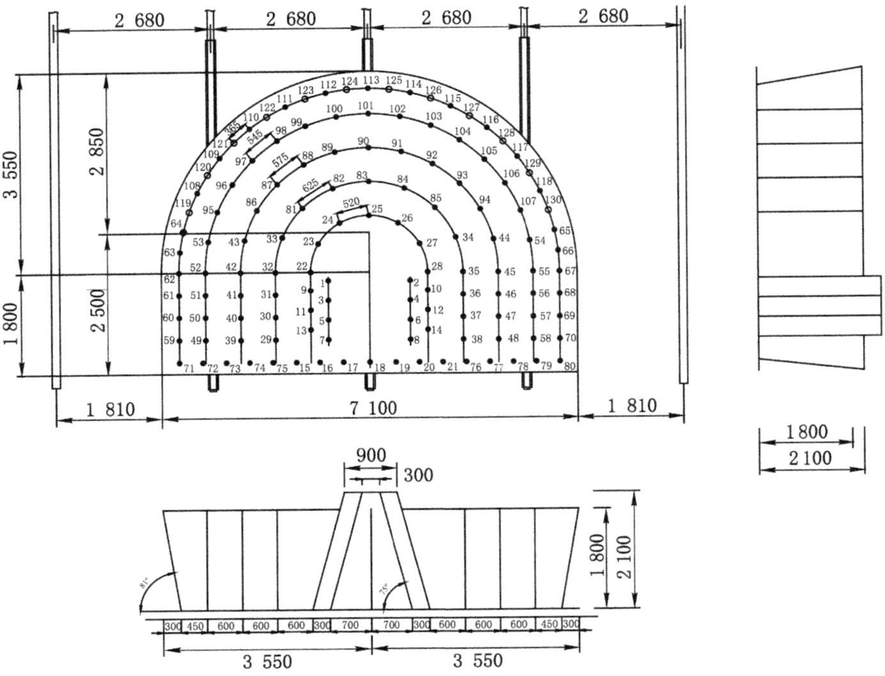

图 6-19 循环进尺 1.8 m 三次起爆炮孔布置图(单位:mm)

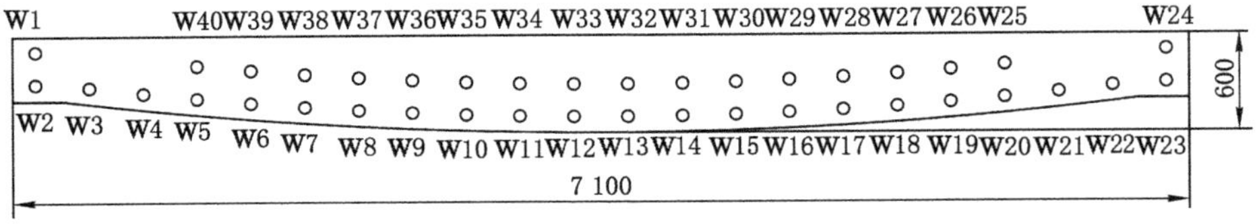

图 6-20 反底拱掘进炮孔布置图(单位:mm)

采用主体掘进时的挖掘机直接装入箕斗装矸运输方式,反底拱每循环掘进段长 7.8 m。

(3) 局部松动爆破技术参数

当掘进断面揭露宽、高均大于 0.6 m 的大块卵石或坚硬砂岩时,需局部松动爆破。炮孔间距 0.3 m,炮孔深度 1.5 m。单孔装药量控制在 0.2～0.4 kg 之间。封孔长度不得低于 0.6 m。

6.4.3 控制爆破工程实践效果

如图 6-21 所示，通过控制爆破掘进工艺，正规循环时间由 45 h(1.2 m)缩短为 22 h(1.8 m)，井筒月平均单进尺由 15 m(综掘机掘进)提升至 54 m(钻爆法掘进)，掘进效率提升 2.6 倍。单月最大进尺 63.4 m，创造了斜井(16°)冻结法施工月度掘进进尺之最的“大世界基尼斯记录”。

图 6-21 控制爆破现场效果

6.5 围岩控制方案与实践

6.5.1 冻结壁全闭环快速衬砌

主斜井冻结段采用直墙半圆拱带反底拱的断面，设计掘宽×掘高 = 7 000 mm×5 900 mm，设计掘进断面面积 34.21 m^2。采用内外双层井壁支护形式，外壁 $18^{\#}$ 工字钢棚＋300 mm 厚 C50 混凝土支护，内壁采用 500 mm 厚 C50 双层钢筋混凝土支护，井壁接茬位置布设止水钢带。

(1) 架棚喷浆

$18^{\#}$ 工字钢组合钢棚，棚距 600 mm。循环进尺 1.8 m 时每循环架设三架。反底拱钢棚每 7.8 m 循环施工一次，棚距 600 mm。如图 6-22 所示。

棚后铺网喷浆封闭的技术方案，将工字钢棚和金属网喷浆形成一体，提高临时支护强度，降低冻结壁与井筒内高温空气流的热交换。

(2)外壁砌筑

稳模采用段长 8.0 m 外壁全断面衬砌台车，砌筑长度 7.8 m。外壁混凝土

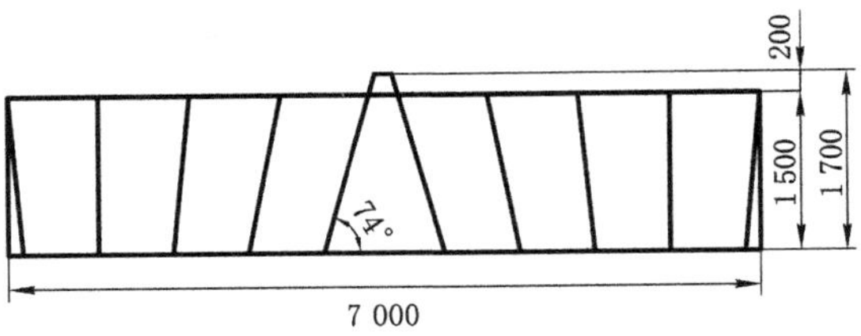

图 6-22　工字钢棚固定示意图(单位:mm)

浇筑厚度 300 mm,混凝土强度等级 C50。地面冻结管作为下料孔,接管路至模板进行浇筑作业。

(3) 内壁套砌

内壁混凝土浇筑厚度 500 mm,混凝土强度等级 C50,混凝土中添加 FZ-H80 型井筒专用高性能混凝土外加剂。将地面冻结管作为下料孔,井下溜灰至混凝土地泵,接管路至模板进行浇筑作业。斜井冻结段支护断面如图 6-23 所示。

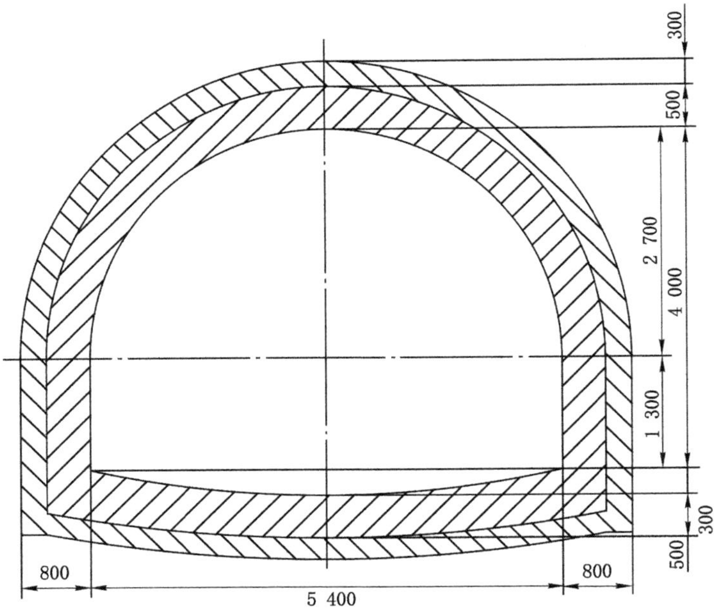

图 6-23　斜井冻结段支护断面图(单位:mm)

反底拱与墙部稳模采用自制钢模板,循环段长 7.8 m;拱部稳模采用轨道式整体衬砌台车,循环段长 6 m,采用液压油缸支撑。

底板环筋和纵筋均采用 ϕ28 mm 螺纹钢，间距 200 mm。钩筋 ϕ10 mm 盘圆，间排距 400 mm×400 mm，双层钢筋网。

墙部环筋和纵筋均采用 ϕ20 mm 螺纹钢，间距 300 mm；钩筋 ϕ10 mm 盘圆，间排距 600 mm×600 mm，双层钢筋网。

反底拱拱部环筋和纵筋均采用 ϕ20 mm 螺纹钢，间距 300 mm；钩筋 ϕ10 mm 盘圆，间排距为 600 mm×600 mm，双层钢筋网。

(4) 工程实践效果评价

现场井壁拱墙、侧墙与底板架棚后进行全断面浇筑，并监测井筒施工过程中与浇筑井壁后冻结壁和井壁温度，减小壁后冻土融化及后期混凝土水化热程度。

在井帮打 120 mm 深孔并埋设测温探头，监测温度变化。经监测，铺网喷浆封闭后井帮温度每天上升 0.06～0.1 ℃，外排孔保持维护冻结状态，当温度高于－1 ℃时立即进行井壁浇筑，并且外排孔转入积极冻结状态，施工过程保证了最大 80 m 大段长临时支护冻结壁安全，实现了井壁快速衬砌。斜井冻结段衬砌施工现场如图 6-24 所示。

(a) 反底拱钢棚架设

(b) 架棚喷浆效果

(c) 内壁衬砌台车连接栈桥

(d) 外壁衬砌后内壁绑扎钢筋

图 6-24　斜井冻结段衬砌施工现场

6.5.2 壁后与壁间注浆加固

主斜井冻结全面停机后，冻结壁开始逐步解冻，底板接茬处、单层井壁和双层井壁接茬处渗漏水，影响主斜井的正常掘进、施工安全与围岩长期稳定。冻结停止后，为预防和封堵冻结段井壁渗漏水，需进行壁后、壁间注浆。

6.5.2.1 壁后与壁间注浆加固技术

(1) 壁间注浆技术

壁间注浆应在内层井壁浇筑完成后 7 d 以上，且夹层周围井壁混凝土温度不低于 4 ℃时，以壁间充填为主预防井壁渗水。壁间充填以水泥-水玻璃双液浆注浆为主，壁间封水以水泥单液浆辅以水泥-水玻璃双液浆。

① 壁间单孔注浆布置

注浆孔深度设计 550 mm，以穿透内壁 50 mm 为准，钻孔直径 42 mm。

孔口管采用内径 40 mm、壁厚 4 mm 无缝钢管加工，长度 500 mm，在钢管上加工鱼鳞扣，钢管一端车丝 50 mm 长(注浆时连接阀门，注浆后盖闷盖)。如图 6-25 所示。

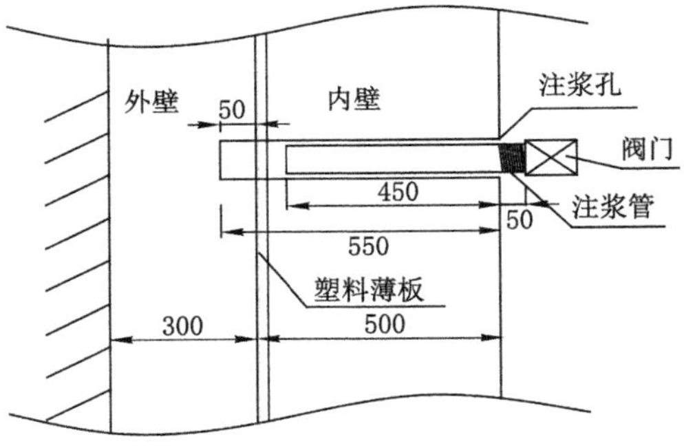

图 6-25　壁间单孔注浆示意图(单位：mm)

② 壁间注浆孔布置

注浆孔钻孔以穿透内层井壁、进入外层井壁不超过 50 mm 为准，根据掘砌施工情况每 50～60 m 为一个注浆段，段内注浆孔每 20～30 m(斜长)布置一组；主斜井表土及风化基岩段冻结范围 67～301 m，预计布置 7～10 组注浆孔。每组布置 4 根注浆孔，墙部距净底板 400～800 mm，拱部距净底板 3 400～3 600 mm。以自上而下、前进下行的方式进行注浆。如图 6-26 所示。

③ 壁间封水

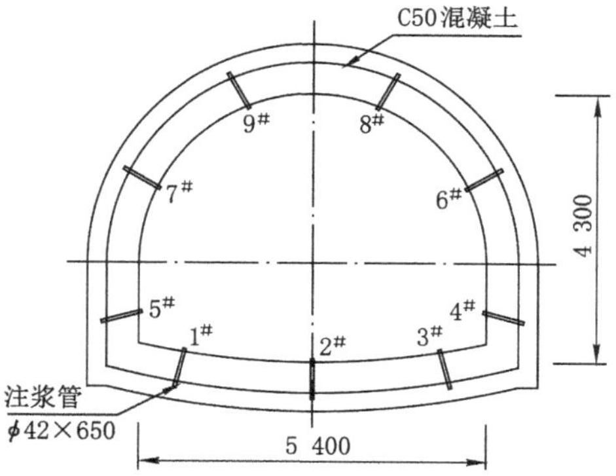

图 6-26 壁间注浆孔布置断面示意图(单位:mm)

在井壁渗水位置现场钻孔进行注浆封水,在渗水缝两侧 300～500 mm 布孔。

(2) 壁后注浆技术

应在冻结段停止冻结后至回冻前且井壁与冻结壁间温度在 0～4 ℃时进行壁后充填。当井壁出现渗水时采用壁后封水。壁后封水以水泥单液浆辅以水泥-水玻璃双液浆进行。

① 壁后单孔注浆布置

注浆孔深度设计 1 000 mm,以穿透外壁进入岩层 100 mm 为准,钻孔直径 42 mm。

孔口管采用内径 40 mm、壁厚 4 mm 无缝钢管加工,长度 750 mm,在钢管上加工鱼鳞扣,钢管一端车丝 50 mm 长(注浆时连接阀门,注浆后盖闷盖)。如图 6-27 所示。

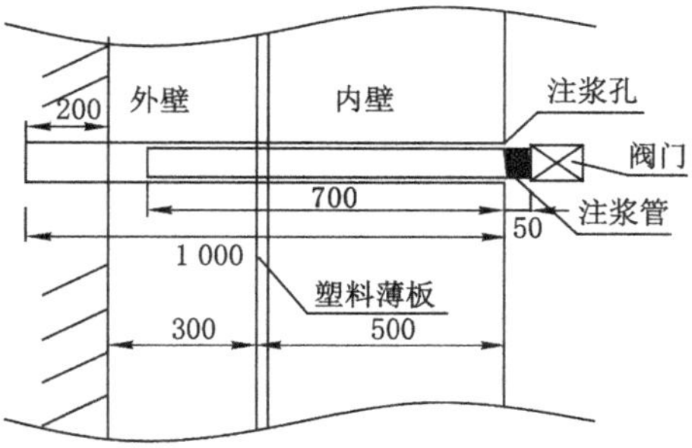

图 6-27 壁后单孔注浆示意图(单位:mm)

② 壁后注浆孔布置

注浆孔孔深以穿透井壁为准，根据掘砌施工情况每 50～60 m 为 1 个注浆段，段内注浆孔每 20～30 m(斜长)布置 1 组，与壁间注浆孔错开交叉施工；冻结段预计布置 7～10 组注浆孔。每组布置 4 根注浆孔，墙部距净底板 400～800 mm，拱部距净底板 3 400～3 600 mm。以自上而下、前进下行的方式进行注浆。如图 6-28 所示。

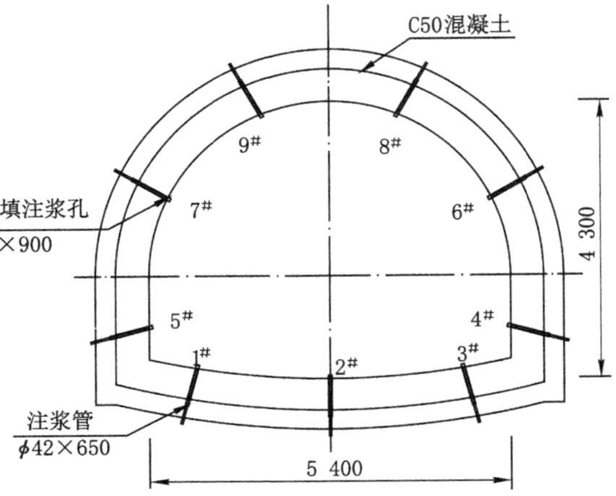

图 6-28　壁后注浆孔布置断面示意图(单位：mm)

③ 壁后封水

在井壁渗水位置现场钻孔进行注浆封水，布孔原则为对点布孔。

(3) 注浆压力设计

冻结段结束位置井筒底板高程为＋683 m，静水位高程＋749.1 m，即最大静水压 P_w＝0.67 MPa，取 0.7 MPa。

壁间注浆初始压力 P_a 为 0.3 MPa；正常注浆压力 P_b 为 0.4 MPa；注浆终压 P_3 在浆液通畅时取 0.5 MPa，浆液不通畅时取 0.7 MPa。

壁后注浆初始压力 P_a 为 P_w＋(0.1～0.3)＝0.8～1.0 MPa，取 1.0 MPa；冻结段结束位置井筒底板最大静水压 P_w 为 0.7 MPa；正常注浆压力 P_b 为 P_w＋(0.3～0.5)＝1.0～1.2 MPa，取 1.2 MPa；注浆终压 P_3 为 P_w＋(0.5～1.0)＝1.2～1.7 MPa，取 1.5 MPa，浆液不通畅时取 1.7 MPa。

(4) 井壁强度验算

① 壁间注浆井壁强度验算

井壁强度验算公式如式(3-18)所示：

$$P_{max}=\frac{P_k(E_2^2+2R_2E_2)}{2(R_2+E_2)^2}\geqslant P_3 \tag{3-18}$$

式中：P_{max} 为注浆部位的井壁能承受的压力，MPa；R_2 为井筒的净半径，取值为 2.7 m；E_2 为内井壁厚，取值为 0.5 m；P_3 为注浆终压，取值为 0.7 MPa；P_k 为井壁衬砌结构抗压强度，取值为 35 MPa。

根据式(3-18)计算，结果为 5.04 MPa＞0.7 MPa，井壁强度符合要求。

② 壁后注浆井壁强度验算

壁后注浆时井筒的净半径 R_2 取值为 2.7 m，井壁厚 E_2 取值为 0.8 m，注浆终压 P_3 取值为 1.5 MPa，井壁抗压强度 P_k 取值为 50 MPa。

根据式(3-18)，井壁强度计算结果为 10.12 MPa＞1.5 MPa，井壁强度符合要求。

6.5.2.2 壁后与壁间注浆方案

主斜井里程 67.0～94.4 m 采用厚度为 800 mm 的单层井壁，里程 94.4～253.0 m 为双层井壁(300 mm 外壁＋500 mm 内壁)，里程 253.0～306.0 m 为单层井壁。

(1) 总体滞后注浆方案

针对里必煤矿主斜井水文地质条件与出水情况，制定如下注浆堵水方案：

① 第一冻结段注浆：里程 67.0～120.0 m，采用壁后注浆。浆液能够将卵石层内的裂隙充满固结或压密，降低松散围岩的孔隙率，封堵水流通道，提高围岩的强度。

② 第二冻结段注浆：里程 123.0～184.0 m，采用壁间与壁后注浆。通过充填封堵壁间和壁后空洞和水流通道，形成隔水层，隔绝井筒上下的水力联系。注浆材料选用裂隙凝胶化学注浆材料。

③ 第三冻结段注浆：里程 184.0～220.0 m，采用壁间和壁后注浆。充填封堵壁间和壁后空洞及水流通道，形成隔水层，隔绝井筒上下的水力联系。注浆材料选用裂隙凝胶化学注浆材料。

④ 第四冻结段注浆：里程 220.0～306.0 m(基岩段)，采用壁后注浆。

通过注浆的方式将支架与喷网层壁后充填密实，使型钢支架和喷网层均匀受力，充分发挥型钢支架的承载性能。同时，可以形成一定厚度的加固圈作为止浆层，并为后期深部的充填注浆加固奠定基础。

(2) 第一冻结段充填注浆

第一冻结段在井壁均匀布置 9 个钻孔，注浆孔间排距 2 000 mm×

2 000 mm。每个钻孔设长度 900 mm 的注浆管,注浆孔布置如图 6-29 所示。

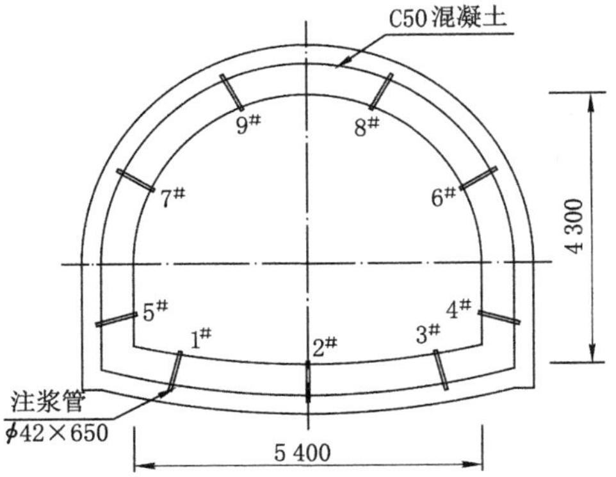

图 6-29 第一冻结段注浆孔布置示意图(单位:mm)

注浆采用循环压密注浆方式,第一循环注浆孔深度 900 mm 左右,第二循环注浆孔深度 1 500～2 000 mm。注浆材料选用双液水泥-水玻璃浆液。水泥使用 P·O 42.5 水泥,水灰比为 1.0,水玻璃浆液浓度为 35°Bé,按 1∶1 比例注入。注浆压力应小于 2.0 MPa。

(3) 第二冻结段充填注浆

① 壁间充填注浆

井壁均匀布置 9 个钻孔,注浆孔间排距 2 000 mm×2 000 mm。每个钻孔设长度 650 mm 的注浆管,壁间充填注浆孔布置如图 6-30 所示。

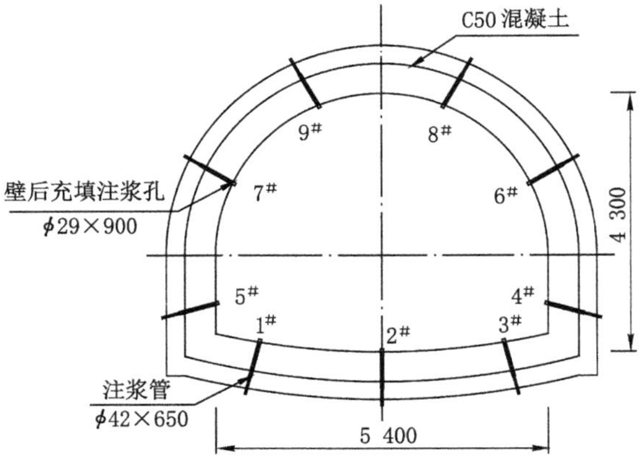

图 6-30 第二冻结段壁间充填注浆孔布置示意图(单位:mm)

② 壁后充填注浆

完成壁间充填注浆后，可沿原壁间充填注浆的注浆管内进行钻孔，采用风钻打眼，选用 ϕ27 mm 的钻头，孔深为 900 mm。

注浆采用单液水泥-水玻璃浆液，水灰比为 1.0，水玻璃浆液浓度为 45°Bé，掺量约为水泥的 5%；注浆压力应小于 1.0 MPa。壁后充填注浆压力应小于 2.0 MPa。

(3) 第三冻结段隔水层注浆

① 壁间充填注浆

在井壁均匀布置 9 个钻孔，注浆孔间排距 2 000 mm×2 000 mm。每个钻孔设长度 650 mm 的注浆管，壁间充填注浆孔布置与图 6-30 相同。

② 壁后充填注浆

注浆管布置同图 6-30。壁间和壁后充填注浆材料采用孔隙溶胶化学注浆材料，A 料和 B 料通过注浆泵双液注入，壁间充填注浆压力 1.0 MPa 左右，壁后充填注浆压力 2.0 MPa 左右。注浆时采用自下而上、左右对称的施工工艺。

(4) 第四冻结段壁基充填注浆

在井壁均匀布置 9 个钻孔，注浆孔间排距 2 000 mm×2 000 mm。两帮和拱顶钻孔安设长度 450 mm 的注浆管，壁间充填注浆孔布置如图 6-31 所示。

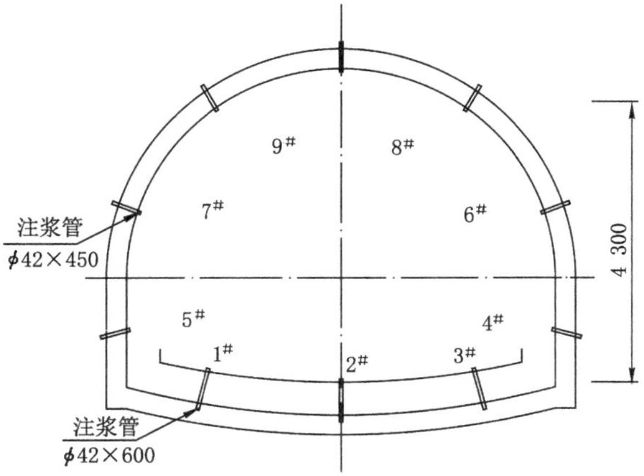

图 6-31 第四冻结段壁基段注浆孔布置示意图(单位:mm)

注浆采用单液水泥-水玻璃浆液，水灰比为 1.0，水玻璃浆液浓度为 45°Bé，掺量约为水泥的 5%，注浆压力应小于 1.0 MPa。

6.5.3 整体维护效果

将斜井冻结穿越强透水层划分为四个冻结区段，地面布置冻结孔，现场应用地面注浆堵水、强化冻结、降水井截流降速等方案保障巷道冻结形成冻结壁，隔绝了水及流沙层与斜井之间的联系。主斜井通过 1.8 m 循环进尺控制爆破掘进，采用了自主研发的斜井冻结长距离全闭环井壁快速衬砌成套装备进行衬砌施工，井壁浇筑后斜井整体维护效果如图 6-32 所示。

图 6-32 斜井整体维护效果

6.6 本章小结

本章针对山西省沁水县里必煤矿主斜井冻结法穿越强富水大流速卵石层复杂地质条件，提出了主斜井穿越强透水层冻结、缺口弥合、控制爆破及全闭环井壁快速衬砌等方案，成功进行了工业性试验，确保了斜井穿越强透水卵石层安全高效掘进与围岩长期稳定。

(1) 提出了斜井冻结与冻结壁缺口弥合方案并进行了工程实践。主斜井冻结段顶板、两帮与底板冻结壁厚度分别为 6 m、2.4 m 与 5 m。采用等效冻结时间调控与步进式投入调控工艺，显著降低了施工成本。制定的冻结壁缺口弥合方案，使冻结壁成功交圈。采用环形冻结管冻结防窜水技术，解决了井壁浇筑后发热导致冻结壁温度上升化冻难题。

(2) 提出了斜井冻结段控制爆破方案并进行了工程实践。设计了循环进尺 1.8 m 松动爆破技术参数，埋深小于 35 m 时，采用三次起爆。当埋深大于 35 m 时，采用两次起爆，确保了斜井穿越强透水卵石层安全高效掘进。

(3) 采用长距离全闭环井壁快速衬砌技术，有效提高了井壁衬砌效率。主斜井冻结段采用内外双层井壁支护形式，外壁采用 C50 混凝土浇筑，衬砌厚度 300 mm；内壁采用 C50 混凝土浇筑，衬砌厚度 500 mm，采用双层钢筋混凝土支护，井壁接茬间设计止水钢带，确保了冻结段井壁稳定。

(4) 提出了壁后与壁间注浆加固方案并进行了工程实践，有效降低了松散围岩孔隙率，增强了井壁封水性能，确保了斜井冻结段围岩的长期稳定。

7 主要结论与展望

7.1 主要结论

本书以山西省沁水县里必煤矿主斜井冻结法穿越强富水大流速坚硬卵石层复杂地质条件工程为背景，采用现场测试、理论分析、实验室试验、数值计算与工业性试验等研究方法，建立了斜井穿越透水层突水风险评价指标体系，进行了冻结岩（土）体物理力学性质测试，提出了斜井冻结壁缺口弥合理论及方法，阐明了斜井冻结井壁稳定机理，揭示了冻结段控制爆破振动规律，形成了斜井冻结段控制爆破高效掘进关键技术，研发了斜井冻结长距离全闭环井壁快速衬砌装备与技术，并成功进行了工业性试验。主要结论如下：

（1）建立了斜井穿越透水层突水风险等级评价指标体系。以含水层富水性为核心参量，采用层次分析法确定了斜井穿越透水层突水风险评价指标，提出了斜井穿越透水层突水风险评估方法与控制管理措施。综合评估了里必煤矿主斜井穿越强透水层突水风险等级为“高风险”，必须采用冻结法等特殊凿井方式，并实时监测水位变化和测温孔温度变化，确保主斜井安全掘进。

（2）测试了冻结岩（土）体物理力学性质。研究结果表明：温度对岩体力学性质影响明显，温度越低，冻胀特性显著。冻结法凿井过程要注意冻土冻胀特性，应尽可能地减少冻结壁外露时间，控制冻结壁变形量，以免冻结壁膨胀挤压冻结管导致其破裂。

（3）优化了斜井冻结投入调控工艺，建立了冻结壁稳定性强度及变形判别准则，提出了斜井冻结缺口弥合理论，阐明了斜井冻结段井壁稳定机理。研究结果表明：① 采用环形冻结管技术冻结衬砌壁后空间，可防止冻结壁融化造成突水风险。应根据掘进速度调控后续冻结时盐水温度和流量。应根据掘进计划、第一冻结区段长度、冻结壁交圈情况等因素，调整后续冻结孔开始冻结时间。② 冻结壁所承受的最大主应力应超过冻结岩体的最大承受应力；在地层压力作用下，冻结壁产生的最大变形不应超过规定的最大许用变形值。③ 提出了斜井冻结穿越强透水层“缺口精准排查（查）”“地下水截流降速（截）”“地面注浆堵水（堵）”与“强化冻结弥合（冻）”相结合的冻结壁缺口快速排查与弥合理论及方法，确定了温度场突变点所在地层，降低了冻结区段地下水流速，注浆形成封水帷幕，实施局部强化冻结，解决了冻结壁缺口弥合难题。③ 揭示了不同衬砌厚度、空顶距下主斜井冻结段井壁稳定性演化规律，得出最优井壁厚度为 0.8 m。空顶距由 1.8 m 增加到 7.2 m 时，迎头及两帮冻结岩(土)体与后方衬砌井壁分别形成重叠支撑、协同支撑和独立支撑三种效应，最优空顶距为 1.8 m。

(4) 揭示了斜井冻结段爆破振动规律，阐明了斜井冻结段空腔对爆破振动的影响机理，确定了冻结管抵抗爆破振动安全阈值，形成了斜井冻结段控制爆破高效掘进关键技术。研究结果表明：① 冻结管爆破振动的核心影响因素为单响炸药量，对于同样的炸药量，应采用分次起爆或多段雷管减振。② 爆源振动速度幅度与介质密切相关，采取人造空腔、辅助孔隔孔装药及周边空孔有利于减小井下爆破对地面振动的速度幅度。③ 增大爆心距有效减小爆破振动速度幅度。埋深小于 20 m 时，单响装药量不超过 12 kg；当埋深 20～35 m 时单响装药量不超过 15 kg；当埋深大于 35 m 以上，增大单响装药量至 20 kg。④ 地面主干管振动速度幅度不宜大于 6 cm/s，主冻结管振动速度幅度不宜大于 5 cm/s。⑤ 完善了低温环境下的钻孔装药工艺，解决了斜井冻结工作面超低温环境下成孔装药、炸药拒爆及冻结管振动损伤难题。⑥ 优化了以减振为目标的爆破参数，形成了密排孔、多段号及隔孔装药的冻结段控制爆破高效掘进技术，显著提高了斜井冻结段掘进效率，单月最大进尺 63.4 m，创造了斜井(16°)冻结法施工月度掘进进尺之最。

(5) 研发了斜井栈桥式长距离全闭环整体液压模板台车与液压模板台车端头封堵装置，并通过连接栈桥实现内外壁台车机械化配套作业，显著提高了斜井成井效率。研究结果表明：① 研发的 8 m 段长斜井栈桥式全闭环整体液压模板台车，实现了主斜井全断面一次性浇筑，避免出现井壁纵向接茬过多，通过减少井壁接茬实现了巷道底板、边帮与顶板一体式浇筑，提高了混凝土施工质量。② 提出整体组合钢模板、端头采用带钢筋限位孔的双层组合钢模板进行端头封堵方案并优化了端头封堵工艺，缩短端头封堵时间，防止浇筑过程中漏浆。③ 优化了长距离斜井高效输料工艺，创新性采用井筒断面内废弃冻结测温管作为下料管进行输料，缩短了输料线路。

(6) 提出了里必煤矿主斜井穿越强透水层缺口弥合、控制爆破及全闭环井壁快速衬砌等方案，成功进行了工业性试验，确保了斜井穿越强透水卵石层安全高效掘进与围岩的长期稳定。

7.2 创新点

(1) 提出了斜井穿越强透水卵石层冻结壁缺口快速排查与弥合理论及方法，揭示了不同井壁厚度和空顶距下主斜井冻结段井壁稳定性演化规律，得到了斜井冻结段最优井壁厚度与空顶距。

(2) 揭示了斜井冻结段空腔对爆破振动的影响机理，确定了冻结管抵抗爆破振动安全阈值，形成了斜井冻结段控制爆破高效掘进关键技术，创造了斜井(16°)冻结法施工月度进尺之最。

(3) 阐明了斜井冻结长距离全闭环井壁机械化快速衬砌原理，建立了斜井冻结长距离全闭环井壁快速衬砌技术，研发了斜井冻结全闭环机械化快速衬砌装备，创新了长距离斜井高效输料工艺。

7.3 研究展望

本书以里必煤矿的复杂地质条件工程为背景，揭示了斜井冻结缺口弥合理论与井壁稳定机理，提出了斜井冻结段控制爆破振动规律与高效掘进、斜井冻结长距离全闭环井壁快速衬砌原理与技术，并进行了工业性试验。本书虽取得了一定的研究成果，但仍存在以下不足之处：

(1) 主斜井在施工过程中穿越地层地质条件复杂，不同层位的岩层风化程度不同，不同性质的土体及岩层其导热系数不同，导致形成的冻结壁强度也不同。同时，由于井筒掘进扰动及地面施工扰动，井筒冻结壁受力与变形情况极其复杂，因此，斜井穿越不同地层过程中冻结壁应力分布演化规律复杂，仍需开展深入研究。

(2) 本书研发了一种能够适用于斜井穿越冻结段的控制爆破掘进工艺，在一定程度上解决了传统机械进度缓慢的问题。但由于该工艺处于研究的基础阶段，仍然存在一些不足，比如冻结管与地面主干管材质如何优化、冻结管抗振动能力如何提高等问题，仍需进一步深入研究。

参考文献

[1] QIN Y, WANG L, SU H M. Numerical analysis of soft surrounding rock deformation in freezing shaft sinking based on temperature partition[J]. Geotechnical and geological engineering, 2022, 40(4): 2091-2100.
[2] 程桦,蔡海兵.我国深立井冻结法凿井安全现状与思考[J].安徽理工大学学报(自然科学版),2013,33(2):1-6.
[3] 孟照忠,熊信,李志清.东荣矿区地层特征及冻结法施工[J].煤炭技术,2010,29(5):119-121.
[4] 杨维好.十年来中国冻结法凿井技术的发展与展望[C]//中国煤炭学会成立五十周年高层学术论坛论文集.北京,2012:190-196.
[5] 张胜利,杨杰.冻结法施工手册[M].北京:应急管理出版社,2021.
[6] 杨维好,黄书翔,王衍森,等.中国立井冻结井壁技术的发展与展望[J].煤炭学报,2025,50(1):92-114.
[7] 陈志宇,张勇,陆路.沿轴线冻结的斜井冻结温度场分布规律模拟研究[J].煤炭科学技术,2013,41(6):46-49.
[8] 赵玉明.斜井冻结法凿井施工的几点思考[J].能源技术与管理,2020,45(3):154-156.
[9] SEMIN M. Calculation of frozen wall thickness considering the non-uniform distribution of the strength properties[J]. Procedia structural integrity, 2021, 32: 180-186.
[10] 周晓敏,贺震平,纪洪广.高水压下基岩冻结壁设计方法[J].煤炭学报,2011,36(12):2121-2126.
[11] 周晓敏,管华栋.由包神衬砌设计公式谈“两壁”设计[J].建井技术,2015,36(5):46-51.
[12] 周晓敏,管华栋,罗晓青,等.竖井圆形冻结壁弹性设计理论的对比研究[J].岩土力学,2013,34(增刊1):247-251.
[13] 许舒荣,王建平,王恒.关于三个常用冻结壁厚度计算公式在我国的应用发展研究[J].建井技术,2025,46(1):21-31.
[14] 张荣立.采矿工程设计手册[M].北京:煤炭工业出版社,2003.

[15] 陈文豹，等. 冻结法凿井施工手册[M]. 北京：煤炭工业出版社，2017.
[16] 李密. 深厚软岩冻结壁厚度设计的数值模拟及分析[D]. 西安：西安科技大学，2010.
[17] 张驰，杨维好，杨志江，等. 深厚含水基岩区立井外壁冻结压力的实测与分析[J]. 煤炭学报，2012，37(1)：33-38.
[18] 王立冬，马守龙. 冻结法施工技术在井筒施工中的研究与应用[J]. 山西建筑，2008，34(35)：169-170.
[19] 徐栓祥. 龙固煤矿副立井井筒冻结法施工实践[J]. 建井技术，2009，30(4)：14-15.
[20] 王宗金，曹化春. 我国冻结法施工技术及其发展[J]. 山西建筑，2006，32(18)：147-148.
[21] 王显政. 中国煤炭工业发展面临的机遇与挑战[J]. 中国煤炭，2010，36(7)：5-7.
[22] 陈湘生. 地层冻结技术 40 年[J]. 煤炭科学技术，1996，24(1)：13-15.
[23]《建井工程手册》编委会. 简明建井工程手册[M]. 北京：煤炭工业出版社，2003.
[24] 张文. 我国冻结法凿井技术的现状与成就[J]. 建井技术，2012，33(3)：4-13.
[25] 王文顺. 深厚表土层中冻结壁稳定性研究[M]. 徐州：中国矿业大学出版社，2011.
[26] 马芹永. 人工冻结法的理论与施工技术[M]. 北京：人民交通出版社，2007.
[27] 李功洲. 深厚冲积层冻结法凿井理论与技术[M]. 北京：科学出版社，2016.
[28] 程桦. 深厚冲积层冻结法凿井理论与技术[M]. 北京：科学出版社，2016.
[29] 李功洲. 中国冻结法凿井理论与技术综述[J]. 建井技术，2017，38(4)：1-10.
[30] 张文. 我国冻结法凿井技术的现状与成就[J]. 建井技术，2012，33(3)：4-13.
[31] 李功洲，高伟，李方政. 深井冻结法凿井理论与技术新进展[J]. 建井技术，2020，41(5)：10-14.
[32] 李大海. 斜井冻结温度场研究[D]. 徐州：中国矿业大学，2009.
[33] 王烨晟. 斜井冻结壁解冻温度场研究[D]. 徐州：中国矿业大学，2011.
[34] CHEN W Z，TAN X J，YU H D，et al. A fully coupled thermo-hydro-mechanical model for unsaturated porous media[J]. Journal of rock mechanics and geotechnical engineering，2009(1)：31-40.

[35] 孔令辉，孙杰. 富水地层联络通道冻结温度场分布规律与影响因素研究[J]. 建井技术，2023，44(3)：14-19.

[36] 徐士良，汪仁和. 人工地层冻结温度场试验台设计和研究[J]. 低温建筑技术，2004，26(5)：66-67.

[37] 王文顺，王建平，井绪文，等. 人工冻结过程中温度场的试验研究[J]. 中国矿业大学学报，2004，33(4)：388-391.

[38] 金川，汪仁和，王伟. 张集矿北区地层冻结温度场的实测与分析[J]. 安徽理工大学学报(自然科学版)，2004，24(2)：13-17.

[39] 陈宏明. 地下水渗流对砂层人工冻结壁发展规律影响研究[J]. 山西建筑，2023，49(6)：90-94.

[40] HAN T，YANG W H，YANG Z J，et al. Monitoring study of shaft lining concrete strain in freezing water-bearing soft rock during mine shaft construction period in west China [J]. Procedia engineering，2011，26：992-1000.

[41] 孙杰龙，任建喜，杨红霞，等. 富水砂层斜井冻结壁变形有限元预测[J]. 煤炭技术，2019，38(9)：17-20.

[42] 郭鹏. 斜井冻结壁受力与变形规律研究[J]. 煤炭工程，2018，50(6)：100-104.

[43] 王友新. 斜井井筒冻结法凿井的施工实践[J]. 陕西煤炭，2011，30(2)：73-74.

[44] 陈祥恩，杜长龙. 马泰壕煤矿斜井冻结施工技术[J]. 煤炭科学技术，2009，37(11)：21-23.

[45] 刘文民，程志彬. 软岩地层斜井冻结方案设计[J]. 建井技术，2010，31(6)：34-37.

[46] 单仁亮，宋立伟，白瑶，等. 爆破作用下冻结岩壁损伤评价的模型试验研究[J]. 岩石力学与工程学报，2014，33(10)：1945-1952.

[47] 种玉配，张帅军，白中坤，等. 爆炸作用下冻结管振动响应规律研究[J]. 中国矿业，2018，27(11)：158-164.

[48] 于建新，郭敏，张英才，等. 超深厚冲积层立井冻结爆破快速掘砌施工技术[J]. 煤炭工程，2019，51(11)：33-37.

[49] 张道海，常建新，王恒，等. 深厚黏土层冻结壁径向位移实测分析与掘进段高调控机制在赵固二矿西风井施工中的应用[J]. 建井技术，2019，40(3)：22-26.

[50] FU J G，JU Y F，WANG C. Application of emulsion explosive in blasting

at freezing gravel stratum shaft[J]. Theory and practice of energetic materials,2005,6:734-737.

[51] PANISHEV S V, AL'KOVA E L, MAKSIMOV M S. Assessment of excavatability index in freezable blasted rock mass[J]. Journal of mining science,2019,55(3):371-375.

[52] MA Q Y,WANG C B,DING D W. Blasting vibration measurement in the frozen rock of the underground mine vertical shaft[C]//International symposium of the international society for rock mechanics,May 18-August 20,2005. Eurock 2005:impact of human activity on the geological environment,[S. l. :s. n.],2005,57:351-354.

[53] 汪海波,刘宁,宗琦. 大断面斜井冻结流砂层钻爆施工技术[C]//2016 年全国矿山建设学术会议论文集. 焦作,2016:15-18.

[54] 张贵,李翔. 立井冻结基岩段深孔爆破施工分析[J]. 建井技术,2014,35(增刊 1):34-35.

[55] 于建新,李真珍,郭敏,等. 立井冻结黏土爆破对井壁的振动影响研究[J]. 河南理工大学学报(自然科学版),2023,42(1):26-34.

[56] 张耿城. 立井基岩爆破对井壁和冻结管的爆破振动观测[J]. 广东化工,2017,44(10):73-74.

[57] 王鑫. 人工冻结黏土爆破特性数值模拟研究[D]. 太原:太原理工大学,2022.

[58] WANG T T, LI P F, TANG C A, et al. Finite element analysis for the mechanism of stress wave propagation and crack extension due to blasting of a frozen rock mass[J]. Sustainability,2023,15(5):4616.

[59] ZHENG Z T, XU Y, DONG J H, et al. Hard rock deep hole cutting blasting technology in vertical shaft freezing bedrock section construction [J]. Journal of vibroengineering,2015,17(3):1105-1119.

[60] HU Y G, YANG Z W, YAO E L, et al. Investigation and control of the blasting-induced ground vibration under cold condition[J]. Shock and vibration,2021.

[61] WANG Y, ZHU C, HE M C, et al. Macro-meso dynamic fracture behaviors of Xinjiang marble exposed to freeze thaw and frequent impact disturbance loads: a lab-scale testing[J]. Geomechanics and geophysics for geo-energy and geo-resources,2022,8(5):154.

[62] MA Q Y, CAI M F. Research on influence factor measurement and clas-

sification of frozen soil blast-ability[J]. Theory and practice of energetic materials,2003,5:1023-1028.

[63] CHENG P,LI Y B,LU C W,et al. Study on blasting effect optimization to promote sustainable mining under frozen conditions[J]. Sustainability, 2022,14(24):16479.

[64] WANG X,GAO E,WU Z,et al. The application of smooth blasting for freezing rock in vertical shaft[M]//Harmonising rock engineering and the environment. Boca Raton:CRC Press,2011:1293-1296.

[65] XIE L D,DONG Z X,QI Y J,et al. Vibration failure of young low-temperature concrete shaft linings caused by blasting excavation[J]. Advances in civil engineering,2019,1:1-10.

[66] 种玉配. 爆炸作用下井筒冻结基岩段冻结管及围岩振动响应规律研究[D]. 徐州:中国矿业大学,2017.

[67] 朱伟强. 爆破冻结管注浆加固井筒围岩的技术研究[J]. 能源技术与管理,2015,40(3):129-131.

[68] 朱立龙. 爆破开挖冻结加固联络通道施工技术[J]. 建筑机械化,2023,44(6):55-58.

[69] 陈程,李全明. 地下矿山巷道掘进凿岩爆破技术参数优化研究进展与展望[J]. 中国矿业,2023,32(10):103-110.

[70] 杨铭竹. 冻结法凿井表土段爆破技术研究与应用[J]. 科技创新与应用,2014,4(33):104.

[71] 杨仁树,付晓强,杨立云,等. 冻结立井爆破冻结壁成形控制与井壁减振研究[J]. 煤炭学报,2016,41(12):2975-2985.

[72] 宋培章,陈弦,黄保营. 冻结立井深厚富水基岩爆破参数优化与应用[J]. 煤炭工程,2020,52(7):6-9.

[73] 李志敏,汪旭光,汪泉,等. 冻结砂土爆破作用区域内损伤模型分析[J]. 工程爆破,2018,24(3):1-6.

[74] 单仁亮,白瑶,宋立伟,等. 冻结岩壁爆破振动及损伤特性试验研究[J]. 岩石力学与工程学报,2015,34(增刊2):3732-3741.

[75] 马二康. 凤凰山铁矿立井冻结基岩段爆破关键技术[C]//中国矿业科学文汇:2016,2016:28-29.

[76] 张道海,郭敏,曾鹏. 光面爆破技术在深大立井冻土掘进中的应用[J]. 建井技术,2020,41(1):21-25.

[77] 李功洲,陈道翀,高伟. 厚600 m以上冲积层冻结壁厚度设计方法研究[J].

煤炭科学技术,2020,48(1):150-156.
[78] 贲勇,吕斌,张秋霞,等.冀东地区冻结段井筒光面爆破技术实践[J].现代矿业,2019,35(4):237-238.
[79] 于建新,郭敏,高帅杰,等.深井冻结黏土爆破振动传播规律研究[J].煤炭科学技术,2022,50(3):111-117.
[80] 单仁亮,王二成,李慧,等.西北冻结立井砼井壁爆破损伤模型[J].煤炭学报,2015,40(3):522-527.
[81] 李小帅,高文学,宿利平,等.小净距隧道掘进爆破及其振动响应规律研究[J].爆破,2024,41(2):194-202.
[82] 王兆阳,王雁冰,黄秋凡,等.岩巷掏槽爆破掘进数据库建立及参数优化研究[J].金属矿山,2024(3):140-149.
[83] 郑天斌,周恒.煤矿斜井冻结段受力特征及井壁开裂原因分析[J].建井技术,2020,41(2):7-12.
[84] 周檀君,周国庆,廖波,等.厚砂土层斜井井壁应力分布规律三维光弹性模型试验[J].煤炭学报,2017,42(8):1979-1986.
[85] 吴庆良,吕爱钟.一类非均布荷载作用下厚壁圆筒平面问题的应力解析解[J].工程力学,2011,28(6):6-10.
[86] 高永涛,吴庆良,吕爱钟.一类非均布荷载作用下双层厚壁圆筒光滑接触时的应力解析解[J].工程力学,2013,30(10):93-99.
[87] 刘占斌.深厚砂层斜井井筒沉降变形与监测技术分析[J].中国煤炭,2017,43(5):66-69.
[88] 徐慧刚,闫帅,王祥东.深部暗斜井大变形破坏机理及其控制技术研究[J].煤炭工程,2023,55(4):52-57.
[89] 王千星.斜井冻结法凿井过程中冻结壁与井壁的受力与变形规律研究[D].徐州:中国矿业大学,2014.
[90] 李向阳.斜井穿越流砂层井壁变形与承载特性研究[D].徐州:中国矿业大学,2014.
[91] 李学彬,杨仁树,高延法,等.大断面软岩斜井高强度钢管混凝土支架支护技术[J].煤炭学报,2013,38(10):1742-1748.
[92] 王勇.斜井表土段冻结井壁受力规律与设计理论研究[D].徐州:中国矿业大学,2016.
[93] 陈鹏飞.富水岩层中斜井井壁型钢混凝土底板力学特性研究[D].徐州:中国矿业大学,2016.
[94] 张洪庆.局部均匀压力作用下斜井井壁的受力与变形规律研究[D].徐州:

中国矿业大学,2015.
[95] 郭垚伟.饱和砂层解冻过程中斜井井筒受力特性研究[D].北京:煤炭科学研究总院,2018.
[96] SHI X M, LIU B G, TANNANT D, et al. Influence of consolidation settlement on the stability of inclined TBM tunnels in a coal mine[J]. Tunnelling and underground space technology,2017,69:64-71.
[97] WU F,QIN Y P,XU H,et al. Numerical simulation of deformation and failure mechanism of main inclined shaft in Yuxi coal mine,China[J]. Applied sciences,2022,12(11):5531.
[98] SUN H J,GAO H G. Numerical simulation research on the stability of surrounding rock in inclined shaft of a tunnel in Tibet[J]. Journal of research in science and engineering,2020,2(7):13-15.
[99] 张亚涛.大断面斜井冻结掘砌支护设计与施工[J].建井技术,2022,43(5):25-29.
[100] 杨小明.主斜井施工过老空区时的支护设计[J].山东煤炭科技,2021,39(3):36-38.
[101] 武成浩.暗斜井新型支护方案的应用研究[J].山东煤炭科技,2021,39(2):15-17.
[102] 韩天宇,单仁亮,白瑶,等.冻融条件下围岩膨胀力对斜井支护的影响研究[J].矿业研究与开发,2021,41(1):28-33.
[103] 姚韦靖,庞建勇.松散富水煤矿斜井围岩稳定性分析及工程应用研究[J].应用基础与工程科学学报,2020,28(2):422-434.
[104] ZONG X. Research on the application of compound admixture in the freezing mine shaft lining concrete[J]. Advanced materials research,2011,250/251/252/253:1252-1255.
[105] ZHANG G F,HE S M,TANG M,et al. The mechanism and countermeasures of inclined well wellbore instability in Dibei deep coal seam[J]. Journal of petroleum exploration and production technology,2022,12(10):2833-2848.
[106] ZHANG G L,YUAN S C,SUI W H,et al. Experimental investigation of the pressure and water pressure responses of an inclined shaft wall during grouting[J]. Mine water and the environment,2020,39(2):256-267.
[107] 马辉,王飞,刘泽挂,等.深埋特长大坡度斜井变形规律与影响因素分析[J].

地下空间与工程学报,2020,16(增刊2):950-956.
[108] 刘艳,辛德林.大断面斜井软岩支护技术[J].建井技术,2020,41(1):13-16.
[109] 李季,丁自伟.皮里青煤矿斜井穿厚松散层围岩分段支护技术研究[J].煤炭工程,2019,51(1):35-39.
[110] 梁玉春,卢宏建.斜井井筒明槽开挖转暗硐交接处掘进及支护技术[J].煤炭工程,2017,49(6):40-42.
[111] 李中华.红石湾煤矿副斜井穿高膨胀黏土层段支护技术研究[J].神华科技,2016,14(3):39-41.
[112] 胡雄玉,晏启祥,何川,等.管片衬砌配合碎石可压缩层的斜井支护结构型式及其应用[J].岩石力学与工程学报,2016,35(3):579-591.
[113] 钟帅,王维维,陈旭.李家坝煤矿斜井基岩段及沿煤段围岩支护技术研究[J].煤炭技术,2015,34(8):65-67.
[114] ZHANG M L,CHANG C Y,CAO W. A discussion of reinforcement timing optimization for main inclined shaft roadway with water seepage[J]. Geofluids,2020,2020(1):1-8.
[115] 张世清,杨印平,兆瑞京.厚砂层段斜井围岩支护技术研究[J].煤炭技术,2015,34(1):29-31.
[116] 王渭明,王丹,宗永宏.富含水岩层斜井塑性区分布规律与变形控制研究[J].煤炭工程,2015,47(9):39-42.
[117] 桑宗其.斜井破碎围岩分步耦合注浆复合支护设计技术[J].煤炭工程,2015,47(5):6-8.
[118] 彭伟,李军,荆平,等.弱胶结软岩斜井支护形式及监测方案研究[J].山西建筑,2015,41(23):37-38.
[119] 李鹏.古城煤矿大断面主斜井穿过含水岩层支护技术探讨[J].煤,2015,24(8):85-86.
[120] 李军,李学彬,王磊.弱胶结软岩主斜井支护方案研究[J].华北科技学院学报,2015,12(3):54-59.
[121] 徐拥军.浅地层风化围岩大差异埋深副斜井支护优化设计[J].煤炭与化工,2014,37(6):98-100.
[122] 叶力进,许进鹏,刘统学,等.煤矿水害基本类型与动态演化类型划分[J].煤矿安全,2022,53(11):207-211.
[123] 沈祥明,刘坡拉,汪继锋.基于层次分析法的铁路岩溶隧道突水风险评价[J].铁道工程学报,2010,27(12):56-63.

[124] 国家煤矿安全监察局. 煤矿防治水细则[M]. 北京:煤炭工业出版社,2018.
[125] WANG S,LI S C,LI L P,et al. Study on early warning method for water inrush in tunnel based on fine risk evaluation and hierarchical advance forecast[J]. Geosciences,2019,9(9):392.
[126] PENG Y X,WU L,ZUO Q J,et al. Risk assessment of water inrush in tunnel through water-rich fault based on AHP-Cloud model[J]. Geomatics,natural hazards and risk,2020,11(1):301-317.
[127] MAO X H,HU A K,WU M K,et al. Evaluation of water inrush hazard in karst tunnel based on improved non-linear attribute variable weight recognition model[J]. Applied sciences,2023,13(8):5026.
[128] 许增光,线美婷,熊伟,等. 基于集对分析模型的岩溶区浅埋穿河隧道突涌水危险性评价[J]. 应用力学学报,2023,40(1):135-145.
[129] 余沛,高素芹,祖庆芝. 基于模糊评价法的富水断层隧道突水风险研究[J]. 四川轻化工大学学报(自然科学版),2022,35(6):82-89.
[130] 彭绍勇,冯世春,徐晗. 基于区间数理论的岩溶隧道突水突泥灾害危险评估模型研究[J]. 隧道建设(中英文),2023,43(增刊2):100-106.
[131] 金茂祥,刘少华,夏才初,等. 基于模糊综合评价法的特大断面隧道风险评估[J]. 科技通报,2023,39(11):82-89.
[132] 中国煤炭建设协会. 矿山斜井冻结法施工及质量验收标准:GB/T 51288—2018[S]. 北京:中国计划出版社,2018:12.
[133] 李良山. 斜井冻结技术在里必矿井筒施工中的应用与探索[J]. 煤炭工程,2017,49(9):6-9.
[134] 郑超. 富水卵砾石层地铁联络通道冻结壁厚度计算及应用研究[D]. 西安:西安科技大学,2020.
[135] 范存辉. 不同冻结形式下斜井冻结壁变形规律研究[D]. 徐州:中国矿业大学,2014.
[136] 李功洲,李小伟,陈红蕾,等. 深厚冲积层冻结孔布置分类技术对冻结调控的影响[J]. 煤炭科学技术,2020,48(12):31-38.
[137] 丁航. 渗流作用下富水砂层冻结壁形成机理研究[D]. 北京:煤炭科学研究总院,2018.
[138] 张涛,杨维好,陈国华,等. 大体积高性能混凝土冻结井壁水化热温度场实测与分析[J]. 采矿与安全工程学报,2016,33(2):290-296.
[139] 陈道翀,高伟,李功洲. 冻结壁形成特性综合分析方法在深井冻结精准调

控中的应用[J].煤炭工程,2020,52(12):118-123.
[140] 赵玉明,张绪忠,刘伟民,等.李家坝煤矿主斜井局部冻结施工[J].建井技术,2014,35(4):20-24.
[141] 赵玉明.斜井步进式冻结投入法应用研究[J].中州煤炭,2015,37(6):48-51.
[142] 荣传新,王秀喜,程桦,等.深厚冲积层高强钢筋混凝土井壁力学特性研究[J].岩石力学与工程学报,2008,(增刊1):2841-2847.
[143] 周檀君,周国庆.考虑倾角作用的斜井冻结壁厚度计算方法[J].中国矿业大学学报,2016,45(3):514-520.
[144] 赵明.袁大滩矿主斜井冻结壁稳定性研究[D].北京:中国矿业大学(北京),2017.
[145] 程桦,王彬,赵久良,等.富水砂卵石地层冻结壁缺口致因及弥合技术研究[J].煤炭工程,2021,53(10):1-8.
[146] 陈登前.淮南矿区立井井筒地面预注浆技术研究[D].淮南:安徽理工大学,2014.
[147] 谷文伟.断层带巷道地面定向钻孔预注浆加固与巷道支护技术研究[D].淮南:安徽理工大学,2022.
[148] 郑国胜.裂隙网络动水注浆浆液扩散与封堵效果研究[D].徐州:中国矿业大学,2018.
[149] 冯志秀,李大茂,袁从华,等.考虑岩体强度演化的全强风化岩质边坡主动加固设计方法[J].水利与建筑工程学报,2017,15(2):124-127.
[150] 唐雪峰.原位直剪试验测试强风化岩体强度参数的数值模拟[J].福建建设科技,2019(2):44-48.
[151] 麦华山.原位直剪试验在某核电厂强风化岩体强度参数研究中的应用[J].工程技术研究,2021,6(17):21-22.
[152] 何卓名.钻孔径向加压试验在强风化岩体勘察中的应用[J].广东水利水电,2021(7):81-86.
[153] 曾格华.浅变质岩风化层边坡渐进破坏模式研究[D].武汉:武汉理工大学,2010.
[154] 贾晶玺.浅埋富水隧洞围岩稳定性分析及施工措施研究[D].哈尔滨:黑龙江大学,2023.
[155] 陈本龙.如美水电站强风化、强卸荷高边坡稳定性研究[D].北京:清华大学,2013.
[156] 郭二斗.针对煤矿巷道机械化掘进工艺的相关探讨[J].能源与节能,

2023,1:98-100.

[157] 郭敏.深大立井冻土爆破振动传播规律及其对井壁的影响研究[D].焦作:河南理工大学,2021.

[158] LU G,TAO Y H. Experimental study into the propagation and attenuation of blasting vibration waves in porous rock-like materials[J]. Frontiers in materials,2023,10:1284158.

[159] 于建新,郭敏,刘焕春,等.立井冻土爆破冻结管振动力学响应研究[J].应用力学学报,2021,38(1):367-374.

[160] ROY M P,MISHRA A K,AGRAWAL H,et al. Blast vibration dependence on total explosives weight in open-pit blasting[J]. Arabian journal of geosciences,2020,13(13):531.

[161] JIA B X,ZHOU L L,CUI J J,et al. Attenuation model of tunnel blast vibration velocity based on the influence of free surface[J]. Scientific reports,2021,11:21077.

[162] ZENG X H,ZHANG X M,ZHOU X S,et al. Prediction of tunnel blasting vibration velocity considering the influence of free surface[J]. Applied sciences,2023,13(3):1373.

[163] 王鹏鸣.立井冻结段及特殊地层爆破技术研究[D].淮南:安徽理工大学,2013.

[164] SABANOV S,NIKITIN O,QURESHI A,et al. A case study to improve blasting efficiency by the use of emulsion explosives[J]. Oil shale,2023,40(3):244.

[165] 程扬帆,朱守军,李子涵,等.钻孔爆破条件下乳化炸药的压力减敏现象研究进展[J].金属矿山,2023(5):77-85.

[166] 张海涛.深水压力下乳化炸药的静压减敏及机理研究[D].昆明:昆明理工大学,2022.

[167] 国家质量监督检验检疫总局,中国国家标准化管理委员会.爆破安全规程:GB 6722—2014[S].北京:中国标准出版社,2015,7.

[168] 同济大学数学系.高等数学习题全解指南(下册)[M].第 7 版.北京:高等教育出版社,2014.

[169] 刘海峰.整体式衬砌模板台车在矿山斜井套壁施工中的应用[J].山东煤炭科技,2017,35(12):26-27.

[170] 第伟伟,翟武杰.液压模板台车快速浇筑砼技术应用[J].内蒙古煤炭经济,2021(22):186-188.

[171] 柳跃财，高祥，黄玉兵. 液压模板台车在深部矿井巷道支护中的应用[J]. 建井技术，2021，42(2)：58-61.
[172] 臧培刚，田宗保，刘晓亭，等. 斜井施工栈桥式全闭环整体液压模板台车：CN209942838U[P]. 2020-01-14.
[173] 刘智育，孟中朝，陈君，等. 液压模板台车端头封堵装置：CN212202071U[P]. 2020-12-22.
[174] 杨景华. 反底拱与砌碹联合支护技术在马城铁矿富水软弱破碎围岩掘进工程中的研究与应用[J]. 矿业工程，2022，20(3)：35-37.
[175] 郑复伟. 地面输料孔在神东煤炭集团公司的应用[J]. 煤炭工程，2014，46(11)：23-26.
[176] 张丽民. 输料孔技术在高河煤矿的应用探讨[J]. 煤，2019，28(8)：91-92.